青少年自我保护高手

做一个有安全意识能保护好自己的孩子

叶如风——著

中国妇女出版社

版权所有・侵权必究

图书在版编目（CIP）数据

青少年自我保护高手 ：做一个有安全意识能保护好自己的孩子 / 叶如风著. -- 北京 ：中国妇女出版社，2024. 11. -- ISBN 978-7-5127-2417-4
Ⅰ. X956-49
中国国家版本馆CIP数据核字第2024C4W920号

责任编辑：王海峰
封面设计：末末美书
责任印制：李志国

出版发行：中国妇女出版社
地　　址：北京市东城区史家胡同甲24号　　邮政编码：100010
电　　话：（010）65133160（发行部）　　65133161（邮购）
网　　址：www.womenbooks.cn
邮　　箱：zgfncbs@womenbooks.cn
法律顾问：北京市道可特律师事务所
经　　销：各地新华书店
印　　刷：小森印刷（北京）有限公司

开　　本：150mm×215mm　1/16
印　　张：15
字　　数：130千字
版　　次：2024年11月第1版　　2024年11月第1次印刷
定　　价：49.80元

如有印装错误，请与发行部联系

自　序

PREFACE

孩子，穿上铠甲再出门

嗨！青少年朋友，大家好！

我是叶如风，这是我的第五本书！

这本《青少年自我保护高手：做一个有安全意识能保护好自己的孩子》聚焦青少年自我保护能力的提升，真心希望它能帮助你解决一些困扰。青少年自我保护是我研究的重大课题之一，事关千万家庭的幸福。

长期以来，基于孩子自我保护的问题，向我求助的家长很多，具体问题涉及校园欺凌、性保护、网络安全、人际交往安全等。我也时常在想，如果能为青少年朋友写一本教他们保护自己的书，传授他们一些自我保护的技巧，也许很多校园欺凌和青少年受伤害事件就被扼杀在摇篮中了。

的确，对于青少年来说，预防悲剧，远离各种伤害，意义重大！

在书中，我基于“面对校园欺凌，怎么保护自己”“面对‘性危险’，怎么保护自己”“面对生命安全问题，怎么保护自己”“遭遇意外事故，怎么保护自己”“面对人际冲突，怎么保护自己”五个方面讲述了青少年在面对各种危险场景时如何保护自己。

在书中，我一共写了30个和青少年学习、生活息息相关的故事，并且针对不同的危险场景提供了切实可行的自我保护工具（大致128个行之有效的工具）。只要青少年朋友多阅读、多思考、多练习，一定能成为一个“自我保护高手”。

事实上，在现实生活中，青少年拥有自我保护能力十分重要。

第一，良好的自我保护能力，能提高你识别危险信号的敏锐度。

青少年朋友，你正处于人生中最绚烂、最充满活力的阶段，就像初升的太阳光芒四射，对未来充满了向往和憧憬。然而，在这美好的成长道路上，你也面临着各种各样的挑战和潜在的危险。

当你独自走在街头，可能遇到心怀不轨的人；当你沉浸在网络的海洋，可能遭遇坑人的网络陷阱；当你在操场上玩耍，可能遭遇个别同学的欺负……

如果你没有足够的自我保护意识和能力，就如同在黑暗中行走却没有明灯指引，很容易迷失方向，甚至陷入危险的深渊。而一旦具备良好的自我保护能力，就能敏锐地捕捉到相关危险信号，迅速做出正确的判断，尽快远离潜在的威胁，让自己始终处于安全的港湾。

举个例子。

小涵在上网时，收到一条陌生人发来的链接，对方声称点击这条链接就能领取大奖。因为他有比较好的自我保护能力，对于这类链接十分警惕，知道这背后很有可能是网络诈骗陷阱，所以他没有被所谓的诱惑冲昏头脑，果断关闭了这条链接。

但是，女孩珊珊就十分缺乏安全意识，她在网上结识了一个陌生网友，轻信对方的“指导”，一步步陷入对方的“自杀游戏”！

第二，良好的自我保护能力，能帮你发展出坚毅的心理品质。

青少年朋友，你在成长过程中，可能面临身体上的意外伤害，比如运动中的受伤等；可能在心理上遭受挫折，比如青春期的心理困惑等；也有可能遇到复杂的人际关系，比如无所不在的同伴压力等。

良好的自我保护能力不仅能帮助你避免身体上的伤害，还能让你在心理上建立起坚固的防线，以更有韧性的心态应对生活中的种种不如意。

我在书里提到的小周同学，不幸在高考前夕遭遇交通事故，但他拥有很强的自我保护能力，当场积极自救，用鞋带绑住大腿，防止失血过多。虽然他面临截肢的残酷现实，但他咬牙挺过8次手术，在身体恢复的间隙坚持自学，最终考取国内顶尖学府。他的坚毅，也是最强的自我保护能力。

第三，良好的自我保护能力，能提升你积极冷静的处事能力。

青少年因为涉世未深，当遇到危险事件或冲突事件时，往往容易悲观或者慌张。如果拥有较好的自我保护能力，当遭遇各种事件时，首先，你能够较好地管理情绪，让自己快速冷静下来；其次，你不会悲观消沉，而是会积极想办法，面对和解决当下的困难。

我在书里写到的丽莎同学，发现自己被怪叔叔跟踪后，不动声色，沉着冷静，实现自救，并且及时告诉了父亲，让父亲处理后续事宜。这展现了她积极冷静的处事能力，这也是自我保护能力极强的证明。

第四，良好的自我保护能力，能塑造你面对侵害或欺凌时强大的拒绝力。

在慢慢长大的过程中，你会面临越来越复杂的人际关系。在这些关系中，你有可能遭遇各种冲突。当拥有自我保护意识和能力后，你就会拥有很强的拒绝力——第一时间说“不”，从而避免各种侵害。

否则，你若缺乏拒绝的勇气，可能会助长侵害者的气焰，越来越被动，甚至跌入痛苦的深渊。

我在书中写到的小琪妈妈，她在学生时代曾经遭遇过性骚扰。由于缺乏自我保护能力，她没有拒绝对方的勇气。事后她时常厌弃自己，花了整整 20 年才治好了心里的伤。她最终鼓起勇气把自己的经历讲给自己的女儿，希望女儿能够拥有自我保护的意识和能力，面对侵害能勇敢拒绝。

以上四点，我认为都是青少年拥有自我保护能力之后，可以发展出来的优良品质和能力。

每一个孩子的童年和青春都值得被守护。我们要珍惜美好，不惮丑恶。

祝每位青少年朋友，都能穿上“自我保护”的铠甲，都能成长为身心健康、自信、勇敢的新时代少年！

叶如风

2024 年 8 月

目 录

CONTENTS

面对校园欺凌，怎么保护自己

面对“性危险”，怎么保护自己

面对生命安全问题，怎么保护自己

遭遇意外事故，怎么保护自己

面对人际冲突，怎么保护自己

PART 1

面对校园欺凌，怎么保护自己

有人给我起绰号，我该怎么办？

小佩是一名初二男生，他心地善良，学习努力。他左眼下方有一块明显的黑色胎记，面积大约有成年人大拇指的指甲盖那么大。这块胎记带给了他很多痛苦。

7 岁的时候，小佩上小学了。那以后，“大麻子”“黑熊猫”等绰号劈头盖脸朝他涌来。每当同学当面这样叫他，他都气得直掉眼泪。小学几年下来，他变得越来越胆怯，越来越自卑。

值得欣慰的是，他以优异的成绩考上了一所不错的中学。他以为，从此终于可以安安心心学习了。然而，痛苦像幽灵一样挥之不去。

小佩升入初中后，同学给他起的绰号更多了，比如青面兽、黑狗等。这些绰号每天压得他喘不过气来！他开始害怕上学，他学会了打架、逃学，甚至抽烟。他自暴自弃，学习成绩直线下降。

最让小佩感到痛苦的是，班上一个叫大勇的男生每天都会当着全班同学的面，叫他的各种绰号，还在校园里四处散播。

小佩再也忍受不了这种欺凌了。一天下午，自习课后，小佩尾随大勇来到男厕所。一进厕所，小佩伸出拳头，朝大勇喝道："你还敢不敢叫我的绰号？"

大勇一惊，但他似乎不怕这个经常被他欺负的弱者："我就叫你绰号了，怎么样？难道你还敢打我不成？"

小佩被彻底激怒了，他举起拳头，对着大勇的脸部使劲儿打了一拳。

之后，惊慌失措的小佩立即从学校逃了出去。

第二天早上，家人终于在学校附近的一间废弃屋里，找到了惊魂未定的小佩。他看到爸妈后，忍不住放声大哭起来。

故事中的小佩原本是言语欺凌的受害者，最后却变成了一个施害者。可悲可叹！

有调查显示，40% 多的中小学生都有被起绰号的经历。其中不少人因为外形被起了各种难听的绰号。

各位同学，如果遭遇类似小佩的经历，你会怎么办呢？

第一，绝对不能以暴制暴

故事中的大勇和其他同学，不断给小佩起绰号，并且用嘲笑的方式四处散播，这种行为本质上是语言欺凌、语言暴力。

被起绰号的孩子，很容易形成自卑感、屈辱感，一旦处理不好情绪，有可能酿成大祸。

我们理解小佩长期的压抑和自卑，也理解他的委屈和愤怒。换位思考一下，我们面临这样的情况，也会十分愤怒。但是我们不能因此以暴制暴。在这样的事件中，我们是受害者，深知被伤害的感受，无论是精神上还是身体上都是痛苦的，所以我们不能用暴力的方式回击。更重要的是，以暴制暴的方式本身也会在精神上给我们带来一定的压力，而且有可能招致更大的人身安全风险。

一定不要冲动，遇事要冷静。以暴制暴无济于事，可能会让事态往更坏的方向发展。我们可以向家长、老师以及我们信赖的其他成年人求助。人身安全遭遇风险时，我们甚至可以报警。

第二，如果你感觉到了不舒服，可以要求对方停止欺凌行为

有些同学给他人起绰号，美其名曰："我只是开玩笑，你这么玻璃心干吗？"注意！对方的言语欺凌，不是一句"开玩笑"就可以搪塞过去的。

言语欺凌的表现形式包括起绰号、挖苦、嘲笑、讽刺、辱骂等，这些行为均会直接或间接地导致受害者名誉、尊严受损，进而让受害者产生尴尬、愤怒、沮丧等情绪。也就是说，言语欺凌不仅会对受害者的心理造成伤害，还可能导致受害者产生自卑、不自信等负面情绪。

从某种程度上讲，如果你听见对方叫你的绰号之后，有自卑、愤怒、沮丧等感觉，那么对方就是在对你实施言语欺凌。这个时候，你可以义正词严地要求对方立即停止这种行为。

如果别人以绰号叫你，你虽然难受，却不表达出来，可能会让对方认为你可以接受这个绰号。这只会让他们变本加厉地通过言语欺凌你。所以，如果你感觉到了不舒服，可以让对方立即停止自己的欺凌行为。如果对方没有停止，你可以向家长、老师或你信赖的成年人求助。

第三，用反嘲笑和警告化解

给别人起绰号的人，有一个心理机制，在叫出绰号时看对方生气甚至气急败坏的样子。所以，如果你可以反其道而行之，那你就找到了制胜法宝。

你可以表现出完全不受影响的样子，甚至一笑了之。比如，你可以说："你说我差，你行你上啊！""你觉得我个子矮？我觉得自己挺好的。""你嫌我戴眼镜丑，我觉得我戴眼镜很好看啊。”等等。

另外，你也可以看着对方的眼睛，坚定地说：“你这种行为是欺凌，是错误的，请你不要再这样做。我不会在乎你说的，我认为自己很好。如果你继续这样，我会告诉老师和家长。”

第四，坚信自己是有价值的人

即使因为一些小缺陷经常被同学起绰号，我们也要明白：身体上的缺陷也许是无法改变的，但是我们的品格可以不断完善，我们的优点可以不断加强，我们仍然是有价值的个体。

我们要善于看到自己的闪光点，也要努力提升自己。这样可以增强积极的自我认知，不断积累积极的能量。

同学说我是“娘娘腔”，我该怎么办？

小文长得白白净净，再加上他不喜欢那种对抗性很强的运动，常有人喊他“娘娘腔”。

小文记得，他第一次被人喊“娘娘腔”是在他上小学四年级的时候。有几个女生要玩仙女游戏，但是人不够。她们邀请小文参加，小文无奈之下只好参与。有几个男生看到了。于是，很快一些不和谐的声音传到了小文的耳朵里：

“他居然跟女生一起玩，好奇怪哦。”

“小文，你这个娘娘腔。”

“你看他的样子，尤其是走路的姿势，哪像一个男生？”

之后，有一次他打开自己的铅笔盒，里面有一张纸条，上面有这样几个字：丑八怪，娘娘腔！

他顿时有一种巨大的羞辱感，同时也有一种无力感。他不断地问自己，我该怎么办？我做错了什么？眼泪在他的眼眶里打转，他悄悄地揉了揉眼睛。

于是，他开始小心翼翼地改变自己，开始留意自己走路的姿势，留意自己的言行，还特地买来《火影忍者》的相关贴纸贴在笔记本上。但越是这样，他越觉得别扭，心头总压着一块石头。

有一次，小文和妈妈走在小区里，一个叔叔问："你们家这是男孩还是女孩？"当听说他是男孩时，那个叔叔用奇怪的语气说："哎哟，他像女孩一样文静！"

妈妈尴尬地笑了笑，而小文觉得仿佛有一盆冷水从头上浇下来，他连路都不会走了。

在五年级的时候，小文迷上了踢踏舞，他央求爸爸妈妈给他报一个培训班。他觉得跳舞的时候，可以缓解很多不愉快，把脚踢出去的时候仿佛能把别人嘲笑他的那些话都踢走。

妈妈给他买来了锃亮的踢踏舞鞋，他很快加入了学习舞蹈的行列。然而，新的烦恼又出现了。当同学们知道小文在学跳舞，一些奇怪的声音又出现在他耳旁：

“我的天啊，一个男生居然学跳舞，你是不是有病？”

“你是为了哗众取宠吗？你真是名副其实的文妹妹啊！”

“你跳舞的时候会穿裙子吗？”

小文感觉自己越来越讨厌自己所在的班级。

夜深人静的时候，小文会想：我到底做错了什么？我没有惹任何人，但是他们为什么都讨厌我甚至欺负我？世界这么大，为什么没有我的容身之地？

带着对同学的失望，带着自我怀疑的痛苦，小文升入了初中。那以后，他每天都安静地躲在角落，生怕引起别人的注意，而且把所有心思都放在学习上。

初一第一次月考之后，班主任当着全班同学的面表扬小文，说他考得很好，平时学习既勤奋又细心。同学们忍不住发出赞叹声，并向小文投来友善的目光。小文终于又找到了快乐、自信的感觉，他意识到，原

98

来自己并不是一无是处。

尽管还是有人私底下议论小文的“特别”，但他开始学会坚强面对，通过友善的举止和良好的成绩结交了很多投缘的朋友。后来，那些说他“娘娘腔”的声音越来越小，最终消失了。

遭遇这样的事情，谁心里都不好受。

各位同学，看了小文的故事，你有什么感想？你身边有类似小文的同学吗？如果你有类似的困惑，请参考以下建议。

第一，无条件接纳自己，做最好的自己

故事里说，小文在夜深人静的时候会思考：我到底做错了什么？为什么同学们说我娘娘腔，孤立我？

小文长得白白净净，有错吗？这是爹妈给的，没有是非对错之分。

每个人的气质、性格、肤色等都是不一样的，这就像世界上没有两片相同的叶子一样。我们要做的是，

无条件接纳自己，做最好的自己。

无论你是男孩还是女孩，无论你的身体、性格特征是怎样的，只要没有妨碍其他人，你就是独特的存在，请无条件接纳自己。

第二，建立边界，坦诚沟通

你可以找一个合适的机会，坦诚平和地告诉嘲笑你的人，他的言行让你很不舒服，希望他能尊重你。这就是在建立人际交往之中的边界。

你也可以明确表示，如果对方还要继续，你会采取相应的措施，比如向老师或者家长反映。

第三，发挥自己的长处，让自己更自信

故事中的小文，通过学习踢踏舞，找到了放松心情的方法；通过把更多精力放在学习上，收获了好成绩，赢得了老师的夸赞，也让同学对他刮目相看。由此，小文越来越自信，心理能量越来越足。这个方法

非常好。

把注意力放在自己身上，放在自己的长处上，并且不断积累，你一定会收获很多成果。这些看得见的成果，会让你越来越自信。你越自信，越能够交到朋友，你遭遇欺凌的可能性就越小。

班里有同学孤立我，我该怎么办？

朵朵是一名初中一年级学生。她身高 1 米 6，体重 130 斤。她手臂圆乎乎的，身体也圆乎乎的。她特别喜欢吃零食，也特别喜欢吃肉。朵朵的妈妈，也是圆乎乎的。她们母女俩在一起享受美味时，爸爸经常开玩笑说："你们看上去就像熊猫妈妈和熊猫宝宝……"

这当然是爸爸善意的玩笑，朵朵和妈妈一笑了之。但对于朵朵来说，她在学校里有自己的烦恼。因为体重比较大，她经常受到同学的讥讽。

她最害怕的是上体育课时跑步。她跑步的时候，身上和脸上的肉一颤一颤的。有几个男生老嘲笑她："朵朵，你的肉都快掉下来了。"每当他们这么说的时候，其他同学就会跟着笑。也许是因为这个，每次上体育课，没有人愿意和朵朵做搭档，她总是孤零零的。

朵朵经常回想自己小时候的事：那时同学们都十分天真可爱，有的时候他们会用小手摸她的小肉脸，亲切地叫她"多肉"；而爸爸妈妈总跟她说，一定要吃饱吃好，这样身体才会长得棒棒的，才有精力学习。

但是她升入初中后，经常有一些充满嘲讽的话传到她耳朵里。比如：

"她怎么那么胖，不知道减肥吗？"

"她每天吃什么啊，长了那么多肉。"

……

朵朵甚至觉得自己被班上的同学刻意孤立了，尤其是被女同学孤立了。比如，女同学互相分享零食时，朵朵想要参与，她们会礼貌地拒绝，或是通过沉默来回应她。有一次，她去卫生间时听见了几个女同学的谈话：

"她那么胖，如果跟她分享零食，我们还吃得上吗？"

"我不喜欢跟她一起吃饭，她吃得特别快，而且会吃好多。"

“她身上总是有一股汗味，我可不想和她在一起。”

……

朵朵听到这样的话，心里像刀割一样难受。她在班级里面，没有交到一个朋友。

朵朵很痛苦。

有时候，看着自己肉肉的手臂，肉肉的大腿，还有肉肉的脸蛋，她特别难过。看到网上的很多女生身材都那么标准、那么完美，她甚至有点厌弃自己的身体。

有一段时间，她刻意少吃东西，每天早餐只吃一个鸡蛋、半杯牛奶，中午也吃得很少，晚上只吃一个苹果。那段时间她每天饿得头昏眼花，上课时一点精神都没有，什么都听不进去，状态很差。

爸爸妈妈看出了一些端倪：“朵朵，你怎么了？脸色这么差，胃口也没以前好了，人好像也变瘦了。你千万不能减肥啊，胖一点多好看呀。”

朵朵很难受，只有爸爸妈妈才会说她好看，但是同学可不这么认为。她有好长一段时间每天晚上做噩梦，梦里好多同学都在嘲笑她，躲着她。

朵朵邻居家有个女孩正在读初二，她也是一个胖胖的女孩，名叫诗诗。她们俩从小经常一起在小区里玩耍。

有一天，朵朵悄悄和诗诗说：“我的同学嫌我胖，不喜欢我，我该怎么办？”

“我也是啊。我很难买到合适的裙子。我的同学也都不愿意跟我做朋友。”诗诗接着说，“我爸妈希望我减肥，他们说我这样下去对身体不好。我爸建议我周末跑跑步，哪怕每个周末就跑1公里。我们有没有可能一起跑啊，否则好无聊哦！”

“好啊，那我们就从这周六开始吧。”她们一言为定。

经过一个多月的坚持，朵朵和诗诗的体重并没有减多少，但是她们的精神面貌变好了很多。因为坚持跑步，她们甚至喜欢上体育课了。除了跑步，她们还一起参加了羽毛球培训班。她们打得很好，身体也变得更加协调、灵巧了。

日常生活中，仍然有人时不时说她们胖，但她们学会了不在乎。由于喜欢上了跑步和羽毛球，渐渐地，她们在校内校外结交了一些有相同爱好的朋友，变得自信多了。

朵朵的经历在现实生活中并不少见。很多人因为各种各样的原因被人刻意孤立。你遭遇过这种情况吗？你是怎么应对的？这种情况该如何应对呢？

第一，接纳当下的自己，相信每个人都有独特价值

知名艺人费翔有一次在接受采访时提到，他小时候因为个子矮而且又特别胖，很长一段时间被同学取笑和孤立。可见，这种事很常见。

上面这个故事当中，朵朵的同学因她的身材而嘲笑她，这本质上是一种欺凌行为。

如果你有类似经历，一定要记得，没有人有资格评论甚至嘲笑你的身体。这世界上没有固定的体貌标准。你的身体是唯一的，承载了你独特的价值，他人无权嘲笑和评论。请接纳当下的自己。

第二，必要时给予反抗，而不是一味迁就欺凌者

如果你感觉被孤立了，可以通过口头警告或者求助

家长及老师的方式，让孤立你的人知道你不是好惹的。

我们应该心存善良，但善良是有限度的。如果屡次被欺负、被孤立，你还是选择容忍和迁就，你大概率还会持续受到伤害与孤立。当然，任何反抗的前提是保证自己绝对安全。

第三，通过刻意练习让自己变自信

越是受孤立的人，越是容易感到自卑，走路时可能都是低着头，甚至驼着背。

我们来看一个关于美国最成功的教育家之一玛文·柯林斯的故事。她曾在接受采访时说，由于出生于黑人家庭，自小受到歧视，她很自卑，但她的母亲一直教导她——一定要昂首挺胸地自信地走路！

有时，她走得不好，母亲会在后面大喊："把头抬起来！"慢慢地，她越走越好。有人和她母亲说，大家在操场上一眼就能看到柯林斯，因为她昂首挺胸、自信满满的样子，实在引人注目。

听了柯林斯的故事，你是否愿意像她一样，从现在开始刻意练习昂首挺胸地自信地走路呢？我相信你一定会收获一个更好的自己。

你越自信，越优秀，越不容易被孤立。

第四，多结交善良的有人情味的朋友

如果受到了孤立，你可以想办法多结交善良的能给予你支持的朋友，甚至可以像故事里的朵朵一样在校外结交好朋友。你要相信，所有人都能交到朋友，你也一定可以的。

第五，不能在班级里助长孤立他人的风气

如果班上有人孤立其他同学，你可以试着拿出勇气和行动，和孤立行为说“不”，永远相信邪不压正，让这种坏风气烟消云散。如果没有勇气这么做，你至少不要做孤立其他同学的参与者。否则，我们的参与，就是在助力这种孤立他人的欺凌行为，可能会让更多同学受到伤害。

在学校有人打我，我该怎么办？

小齐正在读初二，正处于长个子的时候。过去这一个暑假，他长了将近 10 厘米。但是，他只长身高不长体重，加上平时缺少锻炼，他看上去有点瘦弱。

这天，在体育课上，同学张梁边跑边靠近小齐。张梁和小齐差不多一样高，但是他要比小齐壮实许多。他看小齐细胳膊细腿的样子，就故意撞了他一下。小齐打了一个趔趄，摇摇晃晃差点摔倒。

旁边几个一起奔跑的男同学都大笑起来。他们也跑了过来，有的戳小齐的头，有的撞小齐的肩，还有的踢小齐的小腿。小齐拼命推开他们，逃到了操场的一个角落。

其实，这样的情况以前也出现过好几次。

这天晚上回到家后，小齐情绪十分低落。吃晚饭时，他鼓起勇气和父母说："张梁他们总是欺负我，他们今天在体育课上还打我……"小齐把体育课上的经历和父母说了一遍。

爸爸放下筷子，一字一顿地说："儿子，你听着，咱们没事不惹事，有事不怕事。"

"可是现在有事了呀，我能怎样？"小齐最烦大人讲大道理，眼里飘过一丝不屑。

"吃完饭，爸爸教你一套简易防身术。"

"不，我现在就要学！"

于是，两人放下饭碗，来到客厅。爸爸让小齐站在自己对面，说："我教你一个三步防身法。

"第一步：用眼睛直视对方，同时语气坚定地警告对方：'你干什么？请你不要再动手，你要动手我就不客气了！'这一步的要诀是，一定要勇敢地直视对方。

"第二步（前提是对方动手了）：找机会握住对方的手臂或手腕，使出吃奶的力气暗暗和对方较劲，以此不动声色地警告、震慑对方！这种方式动静不大，但威力不小。这一步的要诀是，用力握住对方就可以了。”

爸爸一边说，一边和小齐比划起来。

“那第三步呢？”小齐问。

“第三步：以德服人，主动示好。比如，你可以这样说：‘你这样做有意思吗？我们还是做朋友吧。’这一步的要诀是，与人为善，点到为止。”

小齐觉得爸爸讲得挺在理，就来劲了：“我们再来练一遍吧！”

“好！儿子，我教你这套防身术，不是让你去打架。我要告诉你，被别人欺负时要学会反击，但尽量不要伤到彼此。”爸爸提醒道。

几天之后的某个下午，小齐正走在放学回家的路上，一位同学传话给他：“隔壁班的大毛说，明天放学后要找你麻烦！”

当天晚上，小齐的妈妈得知此事有点儿担心，但小齐淡定地说：“我在回家的路上就想好了几条对策：

“第一，我会先礼后兵，劝他不要打架，否则学校一定会处罚他，这对他没好处。

“第二，我会和好朋友一起进出校园。必要的时候，我会用爸爸教我的防身术。

“第三，如果以上两条都不奏效，我会找老师帮忙。”

第二天，小齐放学回家后，爸爸妈妈连忙问他事情怎么样了。小齐挺直了身板，说：“他一直都没敢靠近我，放学后在楼梯口看到我，很快就躲开了。这大概是因为我学了爸爸教我的防身术后，气场变强大了吧！”

“哈哈，爸爸很有成就感啊！”爸爸边说边和小齐击掌庆贺，“不过，我们还是制订一个长期的健身计划吧！你把身体练得棒棒的，就没人敢欺负你了。”

“好嘞！”小齐应道。

各位青少年朋友，行走社会，我们要保持内心的善良，但也要披上坚固的铠甲。

被欺负了，如果我们不反抗，欺凌者就会一而再、再而三地欺负我们。欺凌者一旦失去对于生命安全的敬畏心，就会肆无忌惮、无法无天。

在上面这个故事中，欺凌者在操场上直接“攻击”弱小同学，他们的做法非常不可取。面对这样的情况，我们该怎么办呢？

第一，第一时间以反抗者的姿态示人

即使我们平时比较内向、不善言辞，也要表现出“我不是那么好惹的”这种气场。一般来讲，欺凌者的心态是“欺软怕硬”。你越强硬，对方越不敢惹你。哪怕是装出来的强硬，对对方也是一种威慑。

特别是在公共场合，比如操场、教室等地方，你哪怕心里在发抖，也要表现出强大的气场。

积极心理学上有个概念，叫作“身体回馈假说”。你越是垂头丧气地坐着，你会越郁闷。如果你能挺直身体坐好，你的情绪也会变得特别好。

同样，面对欺负我们的人，我们哪怕只是假装表现出很有气场的样子，比如昂首挺胸、眼神坚定等，我们的身体也会把这种强大传递给对方，让对方忌惮。当然，这也会让我们变得更有力量。

第二，告诉自己“错的不是我”

很多被欺负的孩子都有这样一种想法，我之所以会被欺负，是因为我不够好、有错。

同时，对于暴力事件，社会上有些人有这样一种荒谬的逻辑：“受害者之所以受害，一定是因为他本身有什么问题，否则受害的为什么不是别人呢？”这种观点是绝对错误的。

我要提醒大家，千万不可以有这样的想法！在欺凌事件中，错的永远是欺凌者。

没有人可以贬低任何人，更没有人可以欺负任何人。退一万步讲，即使有人做错了什么，学校有校规校纪，国家有法律法规，谁也不能用欺凌的方式来对待他！所以，遭遇欺凌后，一定要告诉自己“错的不是我”。

第三，平日多学习一些简易防身术

上文故事中的小齐爸爸，为小齐做了很好的示范。我们再来复习一下小齐爸爸的“三步防身法”。

第一步：用眼睛直视对方，同时语气坚定地警告对方：“你干什么？请你不要动手，你要动手我就不客气了！”

第二步（前提是对方动手了）：找机会握住对方的手臂或手腕，使出吃奶的力气暗暗和对方较劲，以此不动声色地警告、震慑对方！

第三步：以德服人，主动示好。

我在这里尤其要说一下第三步。我们使用防身术的目的是警告对方，而不是为了打架。我们最终的目标是赢得更多的朋友，而不是处处树敌。

第四，不要落单，和好朋友一起进出学校

就像猛兽会攻击落单或受伤的动物一样，欺凌者也容易盯上落单的同学。所以，我们可以多结交一些朋友。这不仅有助于我们社交能力的提升，也可以让我们远离欺凌。再脆弱的群体，若形成合力，也能抵御强敌。

第五，如有必要，请保存好证据，及时报警

如果欺负你的同学，对你实施殴打行为，并造成

比较严重的伤害，你除了要及时告诉老师和家长外，还要保存好相关证据。有必要的时候，请及时报警。

我国法律规定：

1. 已满十六周岁的人犯罪，应当负刑事责任。

2. 已满十四周岁不满十六周岁的人，犯故意杀人、故意伤害致人重伤或者死亡、强奸、抢劫、贩卖毒品、放火、爆炸、投放危险物质罪的，应当负刑事责任。

3. 已满十二周岁不满十四周岁的人，犯故意杀人、故意伤害罪，致人死亡或者以特别残忍手段致人重伤造成严重残疾，情节恶劣，经最高人民检察院核准追诉的，应当负刑事责任。

所以，如果你遭遇了严重的欺凌事件，千万不要把自己的伤痕或者伤口偷偷掩盖起来，千万不要独自面对，否则会增加欺凌者的气焰，让你遭受进一步的伤害。

记住，没事不惹事，有事不怕事。面对肢体上的欺凌，放下怯懦，用勇气和智慧大胆应对！

同学在网上散布关于我的谣言，我该怎么办？

丽雅 15 岁，长得亭亭玉立，学习很努力，在班上有好几个好朋友。

这天晚饭后，她突然非常严肃地看着爸爸妈妈，坚定地说："我想让你们给我请个律师。"

爸爸妈妈非常诧异。妈妈问："请律师干什么呀？"

丽雅有点激动："我们班上有几个女同学在网上散布关于我的谣言。我要告她们。"

爸爸妈妈对望了一眼。爸爸不动声色地问："她们造什么谣了？你平静一下，慢慢跟爸爸妈妈说。"

丽雅非常沮丧地向爸爸妈妈说了自己的遭遇。

事情原来是这样的。有一天，课间休息的时候，两个男生在教室里打闹，不小心把丽雅的水杯打碎了。丽雅的同桌小南笑嘻嘻地说：“丽雅的这个水杯可贵了，值10万元呢，你们这下可惨了。”

丽雅知道小南是在开玩笑，没当回事儿。过了几天，有同学跑过来问丽雅：“你的水杯那么贵！值10万元啊！他们赔你了吗？”丽雅觉得莫名其妙，当场就说：“什么10万元？他们不用赔啊，我反正还有一个，拿来用就可以了。”

又过了几天，有些同学在一些微信群和QQ群里散播谣言，他们说丽雅家里很有钱，她用的水杯值10万元，同学打碎她的水杯后拿了100元来赔偿，被丽雅嘲笑太穷了。

这样莫名其妙的谣言，不断地在一些群里蔓延。渐渐地，丽雅班上的好朋友开始疏远她，其他同学甚至有外班同学见到她时都对着她指指点点。

更让人生气的是，有几个女同学一起在一个网络平台以丽雅为主角写校园小说，不但写了水杯事件，还造谣她跟外校的男生谈恋爱，常住在男生家里。

这几个女生不断利用这个网络小说造谣，相关内容非常离谱，她们号召学校的同学都去看这个网络小说，还鼓励大家不断转发。

渐渐地，越来越多的人都知道这个网络小说的主角就是丽雅。小南非常生气，对丽雅说："这真是离谱到家了！她们为什么要这么对你！我去找她们理论理论！"

小南不断地在网络平台帮丽雅辩解，没想到受到了强烈的攻击。许多网友反驳说：

"不要解释了，解释就是掩饰。我们的女主角到底做了些什么，她自己最清楚。她那么有钱，就是看不起我们这些老百姓。她就是想讹诈同学的钱，你还要帮她，你这是助纣为虐！"

"这人品行也不好，这么小就住男友家里。"

……

眼看事情发酵得越来越厉害，丽雅实在受不了了。她开始失眠，课堂上完全听不进老师讲的内容，胃口也越来越差，终于她选择告诉父母。

听了女儿的遭遇，妈妈眼里都是泪水。她一把抱住丽雅，说："我的宝贝女儿受苦了！"

爸爸看上去很严肃，把拳头攥得紧紧的，最终用克制的语气说：“女儿呀，谢谢你告诉爸爸妈妈这些事。我们听了觉得很难过，很心疼你！你放心，爸爸妈妈一定会和你站在一起，解决好这件事。我待会儿先给班主任打个电话，明天去见她一面。必要的时候，我们完全可以拿法律武器保护自己。”

丽雅这天晚上终于睡了一个安稳觉。

如果你是丽雅，面对这一连串的谣言，一定也非常难过、愤怒！丽雅的同学在网上造谣，歪曲事实，引导同学转发，这是典型的网络欺凌甚至网络暴力，是非常错误的行为。

面对这样的情况，我们该如何保护自己呢？

第一，保持理智和冷静，求助信任的人

我非常能够理解那些经历过如此遭遇的同学的心情。我在学生时代也被同学造过谣。谣言特别是网络谣言，会让我们承受非常大的心理压力。

但是，我必须告诉大家，即使如此，还是要提醒自己：不要轻易做任何决定，一定要冷静处理。

我们理解遭遇网络欺凌的痛苦，但一定要牢记：采取极端冲动的做法会造成更坏更被动的局面，对解决问题无济于事。

只有冷静下来，我们才可能找出更有效的办法。故事中的丽雅，尽管很痛苦、很难受，但她总体还算理智。她选择向值得信任的父母求助，并获得了他们的支持。在这一点上，我们应该向丽雅学习。

第二，正面沟通，或求助家长和老师

如果你不幸遭遇了网络欺凌，先想一想，为什么他们会这样做？如果这只是源于一个误会，那么当面解释清楚也许是最好的办法。你可以把那些“造谣者”与“传谣者”约在一起，告诉他们真实情况。请勇敢一些，你没有做错什么，解释清楚就好。

如果有人存心造谣，你可以严正要求对方删除网络上的信息，并且向你道歉。

如果沟通无果，可以向老师、家长求助。

我在写这本书时，采访过几位有类似经历的同学，其中好几位勇敢的同学就把自己的遭遇告诉了班主任或者教务处的领导，因此得到了有效的支持和帮助。

第三，积极搜集相关证据，用法律武器保护自己

如果某些同学的谣言已经影响到你的学习、生活、情绪，那么这就是比较严重的问题了。你可以搜集他们散布谣言的证据，比如音频、视频、图片、文字、网络聊天记录等。你可以把这些证据交给家长、老师甚至警察。

你也可以把证据发送给相关网络平台的客服，要求他们删除相关内容。

2024 年 1 月 1 日施行的《未成年人网络保护条例》规定：

“任何组织和个人不得通过网络以文字、图片、音视频等形式，对未成年人实施侮辱、诽谤、威胁或者恶意损害形象等网络欺凌行为。

“网络产品和服务提供者应当建立健全网络欺凌行为的预警预防、识别监测和处置机制，设置便利未成年人及其监护人保存遭受网络欺凌记录、行使通知权利的功能、渠道，提供便利未成年人设置屏蔽陌生用户、本人发布信息可见范围、禁止转载或者评论本人发布信息、禁止向本人发送信息等网络欺凌信息防护选项。

“网络产品和服务提供者应当建立健全网络欺凌信息特征库，优化相关算法模型，采用人工智能、大数据等技术手段和人工审核相结合的方式加强对网络欺凌信息的识别监测。

“违反本条例规定，侵犯未成年人合法权益，给未成年人造成损害的，依法承担民事责任；构成违反治安管理行为的，依法给予治安管理处罚；构成犯罪的，依法追究刑事责任。”

你看，有法律法规保护我们，我们不要害怕！

第四，不要轻易在网上回应，要保护好自己

我们尽量不要第一时间在网上对相关谣言进行回

应，也不要让你的家人、同学、朋友在网上声援你，因为这样很有可能引发更大的网络舆情。如果相关事件不断在网上发酵，甚至升级为人身攻击，有可能演变成更大的网络暴力事件。

所以，面对网络谣言，我们应尽可能采取科学合理的处置方法，这样才能有效地保护自己。

第五，关注自身情绪，寻求专业心理支持

深受谣言困扰的同学要注意自己的情绪变化，通过健康的方式（如运动、倾诉等）缓解负面情绪。面对谣言可能带来的心理压力，可寻求专业心理老师或专业心理咨询师的帮助。

第六，保持自己的良好品质和行为

如果遇到了网络谣言，可以向你亲近的值得信赖的朋友解释。对于其他人的闲言碎语，尽量不要过于在乎，也不必向所有人解释。君子寡言，无须自证。

在这个过程中，你要相信自己的价值和品质，不要让谣言过度影响自己的自信和自尊。做最好的自己，保持良好的品质和行为，就是最好的回应。时间久了，所有人都会知道那些谣言是假的。

时间就是最好的武器，谣言终有停止的一天，真相终会浮出水面。

有同学向我索要钱财，我该怎么办？

春游终于快来了，小轩提前一周就开始做准备工作了。他盘算着要买哪些零食，带哪些喜欢的玩具和书籍，背哪个包。当然，最重要的是，他终于有理由向妈妈要一些零花钱了。

春游前一天晚上，妈妈给了小轩 50 块钱，并跟他说："你在春游的时候，看到什么好吃的、好玩的，就买一点吧，但是也不要乱花钱，还可以买一些有意义的东西。"

春游这天晚上，妈妈下班回来后，并没有看到一个满脸兴奋的小轩。相反，她看到小轩一个人待在卧室里，呆呆地看着面前的书本，一句话都不说。妈妈觉得很奇怪，就问："小轩，春游怎么样？你们去了哪些地方？你有没有买什么东西啊？你可以跟妈妈分享一下吗？"

小轩听了这些话，把嘴巴一撇，几乎快要哭出来了。在妈妈的追问下，他说出了春游期间经历的一件事。

在大巴上，小轩本想和同桌小航坐一起，但阿俊提前坐到了他身边。阿俊是班上个子最高、长得最强壮的男孩，虽然才上五年级，已经有1.75米了，他的手臂比小轩的手臂几乎粗一倍。

阿俊有一搭没一搭地找小轩聊天。小轩无意中说，妈妈给了他50块钱，让他在春游期间用。阿俊笑嘻嘻地说："我今天正好没带钱，要不你借我20块呗。不过，什么时候能还你，我可不知道。我妈不给我零花钱，你先借我用用，我也想买点好吃的。"

阿俊把自己粗粗的胳膊搭在小轩瘦弱的肩膀上，并用手重重地拍了拍小轩说："你不会那么小气吧，不就20块钱嘛！你不借给我，你看我怎么收拾你。"

小轩有些犹豫，但是又有些害怕，他只好给了阿俊20块钱。

¥5

在回来的大巴上，小轩不敢跟阿俊坐在一起。他跟同桌小航约好坐一起。小航跟小轩一样高，体型也差不多，两个人都喜欢看书，所以共同话语挺多。

小轩有点闷闷不乐，最后实在忍不住，就把今天阿俊和他借钱的事儿告诉了小航。

小航睁大了眼睛，悄悄地说："天哪！他也和你要钱了？你这下惨了！"

原来，从上学期开始，阿俊就隔三岔五和小航要钱。一开始小航是拒绝的，阿俊就威胁说："老师规定不能带钱进学校，你如果不给我的话，我就去告诉老师，让老师惩罚你。""你要是不借我钱，你看我怎么修理你。"等等。

有的时候，阿俊还会趁小航不在座位上时，偷偷翻他的书包，找他的钱。后来，小航再也不敢带钱来学校了，但是他看到阿俊时还是会绕道走。

"我听说，隔壁班的一个同学每周都会给阿俊 10 元钱呢！他怕阿俊欺负他，才这样做的。"小航最后说。

听了小航的话，小轩心事重重地回了家。

面对妈妈的盘问，小轩把他和小航的遭遇都告诉了妈妈。

妈妈神色凝重地说："谢谢你信任妈妈，告诉妈妈一切。明天我会跟班主任周老师好好沟通一下，你放心，妈妈会好好保护你。"

各位同学，看了小轩和小航的遭遇，你是不是也会为他们抱不平啊？故事中阿俊的行为，是典型的校园欺凌行为，是非常错误的。

你是否遭遇过类似的事情？如果有过类似的遭遇，你是怎么应对的呢？以下是我的建议。

第一，第一时间严词拒绝

一般来说，向同学索要钱财的人，往往在身体上或者其他方面占有一定的优势。他们往往会选择那些文静的、内向的、身体相对弱小的同学"下手"。

无论如何，我们都要第一时间严词拒绝，不要怯懦，不要犹豫。

你可以冷静地对对方说："我不会给你钱，你这样向我要钱，从法律上说是一种违法行为。我希望你马上停止。”

你要知道，如果你给了对方一次钱，对方肯定会不断地向你要钱。如此，这件事情就成了一个无底洞。小航的遭遇就是如此。

所以，我们第一时间就要拒绝，不要让欺凌者觉得有机可乘。

第二，不要激怒对方，人身安全放第一

在拒绝欺凌者的过程中，我们要审时度势。如果对方气焰十分嚣张，甚至有可能做出伤害我们的行为，那么我们最好不要一味与其对抗。我们不要激怒对方，而是要采取迂回战术。毕竟，我们的人身安全是最重要的。

你可以以退为进，对他说：“要不这样，我再考虑考虑。”“我回家看看，有零花钱的话，我明天带给你。”等等。

总之，先稳住对方，不要让对方伤害你。

另外，尽量避免和欺凌者单独处在一个封闭空间。无论是课间休息，还是在上学、放学路上，尽量和其

他同学结伴而行。

第三，不要选择讨好，给“保护费”更是不妥

在上面的故事中，小航讲道，隔壁班有同学因为害怕阿俊，竟然每周都给他 10 块钱。这个行为是非常不妥的。

你越是讨好欺凌者，越会助长其嚣张气焰，最后只会让事情越来越严重。

第四，平时少带贵重物品去学校

无论是中学生还是小学生，平时尽量不要把贵重物品或钱财带到学校。平时在跟同学聊天的过程中，也尽量不要透露自己买了什么贵重物品、有多少零花钱之类的信息。说者无心，听者有意。这样可以帮你避免此类事件的发生。

第五，要绝对信任家长、老师，及时向他们求助

如果有人向你索要钱财，你一定要及时向家长和老师求助。

如果向你索要钱财的同学对你实施了肢体伤害，或者毁坏了你的财物，给你造成了伤害和困扰，你更要第一时间向老师求助，回家后也要第一时间告诉家长。

你要相信，只有信任老师和家长，把事情的真相及时告诉他们，你的困境才能得到妥善解决。不要因为害怕而隐瞒事实，否则可能会让事情持续恶化。越是保守所谓的秘密，你只会越被动，万一发生了不可逆转的伤害，那就得不偿失了。

在学校遭受了不公平对待，我该怎么办？

小林小时候得过一种病，她脸上留下了一些淡淡的红色印记。因此，她比较内向，甚至有点自卑。

上中学之后，她住校了。开学第一天，寝室长彤姐说："关于寝室的卫生工作，我们大家分一下工吧。"

虽然彤姐和小林一样高，但她气场更强大，说话掷地有声。她看上去是在征求大家的意见，实际上已经有了主意，她说："大家都不说话，那我来分工吧。"

小林被分配到的工作是打扫卫生间。她有点不能接受，但随即这样自我安慰："这个工作肯定是大家轮流做，我先做也没关系。"

日子一天天过去了。小林忍不住问彤姐："什么时候轮到下一位同学打扫卫生间？"彤姐不冷不热地说："要不你问问其他同学？"其他室友看看彤姐，都不约而同地说："小林，你做得很好，就继续打扫吧。"

小林很不开心，但她没有力量反抗。一个多月的时间里，她每天都按时打扫卫生间。

这个周末，小林回到家后，妈妈问她："你在学校过得怎么样？学习紧张吗？和同学相处得好吗？"

小林沉默了。

"怎么了？"爸爸觉察出异常，问道。

小林沉默了很久。

"无论你在学校遇到什么事，都可以告诉爸爸妈妈。爸爸妈妈是你坚强的后盾。"妈妈温柔地说。小林得到鼓励，终于把自己的遭遇和盘托出。

听小林说完后，爸爸说："女儿，你可以要求寝室的同学轮流打扫卫生间，这是你的正当请求！大胆去说，我们都支持你！"

在爸爸妈妈的鼓励下，小林终于知道自己该怎么做了。

第二天晚上，大家回到寝室后，小林鼓起勇气对

室友们说："我提议，大家轮流打扫卫生间！我们可以三天一轮班，或者一周一轮班。我们一起来讨论一下！"她说这话时，眼神坚定，语气不容置疑。

后来，寝室的同学都接受了小林的建议，排好了值日表，轮流打扫卫生间。通过这件事，寝室的同学感受到了小林身上散发出来的笃定、自信，都愿意和她做朋友了。

久违的笑容又回到了小林的脸上。

在上面的故事中，小林在宿舍遭遇了不公平的对待。打扫卫生间是最累最脏的活儿，室友们不由分说让小林干。而且，小林一干就是一个多月。这谁能接受啊？这种行为看上去伤害不大，似乎和欺凌无关，但这也是一种欺凌。

在父母的支持下，小林终于学会勇敢地在室友面前表达自己的诉求，拒绝不公平待遇，最终成功摆脱了困扰。

面对不公正的待遇或隐性欺凌，我们该如何捍卫自己的权利，保护自己呢？

第一，不要为了“求公平”，冲动行事

有一句老话是这样讲的：“冲动是魔鬼。”在遭遇了不公平待遇之后，一个人的本能反应是愤怒、痛苦。而这种时候千万记得要保持冷静，不要在情绪冲动时做出不冷静的行为。

过于冲动，一定会让事情变得更糟。为了能妥善解决问题，我们首先要让自己冷静下来。

第二，及时寻求家人和朋友的支持

不要把自己的遭遇藏起来、闷在心里，而是要向值得信任的朋友和家长求助。你要相信，这样你才能获得更多的支持，他们一定会给予你有用的建议。

事实上，在上面的故事当中，我们的女主角小林就是在父母的支持下走出困境的。

第三，大胆沟通，直面问题

生活中，很多人遇到不公平待遇时，常常不敢说

“不”，可能是为了获得群体的认可，也可能是害怕被讨厌、被孤立。可是，越这样，越容易遭遇不公。所以，解决这种问题最好的办法就是——直面问题。

美国作家、心理医生斯科特·派克在他的畅销书《少有人走的路》中说，人生是一个不断面对问题并解决问题的过程。直面问题可以开启我们的智慧，激发我们的勇气，是解决问题的第一步。

以小林的经历为例，如果她选择逃避问题，她的问题就会一直存在，她甚至可能遭遇更多类似的问题。后来，她选择直面问题，提议所有人轮流打扫卫生间，她的困扰就此消失，她也在这段经历中获得了成长。

第四，调整心态，懂得妥协

不要让不公正的遭遇过度影响自己的情绪和生活，要永远保持积极乐观的态度。另外，我们可以保持开放的心态，如果有合理的解决方案，在适当的时候可以做出一定妥协，以达成较好的结果。

PART 2

面对“性危险”，怎么保护自己

有陌生人把我按在墙角，我该怎么办?

小木是一个伶牙俐齿、多才多艺的女孩。每个双休日，她都要到离家不远的一个商场里学画画、玩蹦床。

这天，小木和另外两个小伙伴一起在商场的蹦床乐园玩耍。妈妈们则在一旁热烈地聊天。

玩了一会儿之后，小木想上厕所，就跟妈妈说："妈妈，我想上厕所，你陪我吗？"

妈妈说："这里你已经很熟悉了，厕所也不远，你就自己去吧。"

厕所虽然离蹦床乐园不远，但是小木也要拐几个弯才能走到。以前，小木妈妈带小木去过好多次，所以小木很熟悉去厕所的路。听了妈妈的话，小木蹦蹦跳跳地去厕所了。

几分钟之后，小木大哭着跑了回来。其他小伙伴见状都围了过去。小木妈妈更是惊慌失措地迎上前去，连忙问："女儿，你怎么了？你怎么了？"

小木脸上露出惊恐的神色，她看上去像是受了不小的惊吓，喘着粗气，断断续续地说出了刚才遭遇的惊险一幕。

小木从洗手间出来的时候，看到前面有一个戴帽子的男子不停地回头看她，而且神情十分古怪。

当时，小木也没多想，只想快点儿超过那个古怪叔叔，回到蹦床乐园跟小伙伴继续玩。

小木走过古怪叔叔身边的时候，那个古怪叔叔一把抓住了小木，并把她拖到了楼道里，将她堵在墙角。

古怪叔叔说："不许出声！"

小木很害怕，头脑一片空白，但随即反应过来，开始拼命反抗。

古怪叔叔见状，就连哄带骗地说："叔叔给你钱，你跟叔叔走好不好啊？"

小木突然想起爸爸妈妈平时的教导：在公共场合遇到坏人，一定要大声呼救。于是，她使出浑身力气，

反复大声喊叫："我不认识你！我不跟你走！"

小木的大声喊叫，引来一个穿灰色夹克衫的伯伯的注意。一开始，这个伯伯还不确定发生了什么。然而，他听清楚小木的呼喊后，意识到情况危急，便走上前大吼一声："住手！你干什么？"

古怪叔叔看到有人过来，立刻扔下小木，落荒而逃。

小木谢过那位好心的伯伯之后，惊魂未定地跑了回来。

听完小木的哭诉，妈妈紧紧地抱住她说："宝贝，对不起！妈妈疏忽了。"

旁边几个妈妈都围了过来，边安慰边称赞小木："好孩子，你真勇敢、真机灵！你做得对！"

各位同学，让我们一起为故事里的小木鼓掌吧！她真是个勇敢、机智的孩子。那么，遇到类似的事情，我们该如何应对，才能保护好自己呢？

第一，果断拒绝，不要犹豫

正如小木所做的一样，我们如果遇到类似的情况，一定要第一时间果断拒绝。你可以大声说：“你干什么！不可以这样！”你要坚定地表明你的态度，让对方知道你不允许他有这样的行为。

这样，我们才能有效阻止坏人进一步作恶。否则，犹豫地抗拒、沉默不语、小声哭泣等应对方式，只会纵容坏人实施下一步罪恶行动。

第二，大声呼救，寻找机会逃脱

你要尽可能大声地呼喊，以引起周围人的注意，从而及时获得帮助。在确保自己人身安全的同时，你要冷静地观察周围环境，可以利用身边能随手拿到的物品进行自救，或想办法转移对方的注意力，创造逃脱机会，然后迅速跑往安全的地方。

我的一个好朋友，在多年前的一个晚上，曾经遭遇陌生男子的骚扰。在力量悬殊、呼救不成的情况下，她灵机一动，迅速把钱包朝远处一扔。男子看到钱包掉在地上，本能地走过去捡钱包。就在这宝贵的几秒钟之内，我的好朋友成功逃脱。

记住！比起身体被控制、被侵害，其他都不重要。避免坏人对我们实施身体控制，是最要紧的事。

第三，记住对方的相关特征，必要时尽快报警

在条件允许的情况下，尽量记住对方的外貌特征、穿着等信息，以便后续报警后提供给警方。

一旦你确认自己安全后，应立即请大人或亲自拨打报警电话报警，并向警方详细描述事情经过，提供你掌握的证据。

第四，日常多练习坚定地拒绝

有些同学可能会问："我很胆小，如果有人欺负我，我不敢呼救，怎么办？"我要告诉你，平时你可以多练习坚定地拒绝别人。比如，你可以对着没人的楼道、空旷的操场等地方大声地喊："我不要跟你走！""你干什么？""放开我！"等等。

你也可以邀请爸爸或其他亲人，进行角色扮演，

以此练习如何拒绝坏人。

相信我，你若能经常做这样的练习，你的胆子会越来越大，遇到危险时你才能较为冷静地拒绝和保护自己。

兴趣班老师和我有奇怪的身体接触，我该怎么办？

艾何有很多兴趣爱好，比如下棋、画画、弹琴等。当然，她最喜欢的是轮滑。滑轮滑的时候，她感觉自己就像一阵风一样洒脱。

每个周六，艾何都会雷打不动地去参加轮滑班的训练。

轮滑班有一个姓周的老师，他是一个个子很高的男老师，看上去约莫二十五六岁。周老师对待孩子十分有耐心、十分热情。同学们都很喜欢周老师，除了会认真地跟他学轮滑，还会和他交流其他话题。周老师嘻嘻哈哈的，就像个大男孩一样。

艾何也特别喜欢周老师，觉得他像邻家哥哥一样亲切。在周老师的帮助下，艾何进步特别大。

这天，训练结束的时候，周老师亲切地对艾何说："艾何，你累不累啊？你要不要把周老师的腿当作凳子，坐在上面休息休息？"说着，周老师张开双臂，示意她过去。

艾何觉得有点奇怪，不知道如何回应，但是又不知道如何拒绝，于是走过去坐在了周老师的大腿上。周老师自然地抱着她。两个人开心地交谈着，不时大笑着。

这一幕正好被前来接艾何的妈妈看见了。她立即走上去，把艾何抱了下来，然后摸摸她的头说："宝贝，你不能坐在老师身上。老师喜欢你，和你握握手，或者拍拍你的肩膀就可以了！"

这话看似是说给艾何听的，其实是说给周老师听的。

听到这些话，周老师尴尬地笑了笑。

回到家之后，妈妈郑重其事地对艾何说："宝贝女儿，妈妈不可能时时待在你的身边。你要记住，不能随便坐在别人的大腿上，尤其不能随便坐在异性的大

旱冰场

腿上，甚至不能和异性有身体接触。”

“妈妈，可是我也经常这样坐在爸爸的腿上，他也经常这样抱我呀？”艾何不解地问。

“没错，爸爸可以这样抱你，但是爸爸以外的男性是不能这样抱你的。”妈妈严肃地说。

“知道了！周老师对我们很好的……”艾何欲言又止。

“周老师是男性，你和他在交往的过程中要保持一定的距离。正常情况下，别人是不会让你坐在他的大腿上的。你要学会保护自己。”

之后，妈妈思前想后，给艾何退了这个轮滑班，又在其他家长的推荐下给她报了另外一个轮滑班。

故事里的周老师邀请艾何坐在他腿上，无论他是有意的还是无意的，这都属于超越人际交往界限的行为。

借着这个故事，我要告诉各位青少年朋友，一定要警惕人际交往中的越界行为。当以下情形出现时，你要在脑海中亮起“警灯”，学会保护自己。

第一，当有人有意无意触碰你身体时，要拒绝

当有人有意无意地触碰你的身体时，比如拍你的肩膀、摸你的头等，你要特别警惕，要立即拉大与对方的空间距离。如果你害怕得罪对方，不敢反抗或逃离，对方可能会得寸进尺，触碰你身体的其他部位，甚至做出更出格的行为。

第二，当有人邀请你到相对私密的空间时，要拒绝

当有人以各种冠冕堂皇的理由，邀请你到他的办公室、家里等相对私密的空间时，你要果断说“不”！

因为，任何事情都可以在公开场合洽谈。一个要求和你在私密空间见面的人，很可能另有企图。如果你因抹不开面子而赴约，等待你的可能是一场让自己追悔莫及的“灾难”。

第三，当有人承诺给你一些好处时，要拒绝

当有人承诺给你一些好处时，你要特别注意。因

为，这样的人往往也会暗示“你应该知恩图报”。

无论如何，千万要记住：“天上不会掉馅饼。”当有人突然给你一个“馅饼”时，这“馅饼”里很可能藏有“毒药”。

同学经常骚扰我，我该怎么办？

琦琦是一个文静的女孩子。她的父母每天特别忙碌。琦琦几乎每天都和爷爷奶奶生活在一起。

这天晚上，妈妈好不容易不加班，可以陪琦琦吃晚饭。

吃饭之前，琦琦准备上厕所，但走到卫生间的门口时，突然有点迟疑。妈妈说：“琦琦，快去上厕所，然后洗手吃饭。”

琦琦听到这句话之后，突然放声大哭。奶奶闻讯从厨房出来了，妈妈也放下手中的活儿，快步走到琦琦面前：“怎么了，宝贝？你怎么突然哭了呀？”

琦琦看看妈妈，欲言又止。妈妈帮琦琦擦了擦眼泪，然后对琦琦的奶奶说："妈，让我来吧，您先去厨房忙。"

妈妈把琦琦带到卧室，悄悄问她："宝贝，妈妈最近特别忙，也没好好关心你。你在学校遇到什么事了吗？你学习上遇到困难了，还是被老师批评了？"

琦琦沉默了一会儿，终于大着胆子说："妈妈，我们班的小丽总是欺负我。"

"小丽？就是那个喜欢扎辫子的小丽吗？"

"对，就是她。"

"妈妈记得她笑起来甜甜的，她为什么欺负你呀？"起初，妈妈以为琦琦口中的"欺负"只是小女孩之间的嬉戏打闹。

琦琦迟疑了一下，在妈妈的耳边说："她经常把我拉到学校的卫生间，然后亲我的耳朵和嘴巴。如果我不同意，她会掐我的胳膊，有的时候还会用脚踢我的小腿。"

"真的吗？小丽是这么做的？"妈妈非常惊讶，心里五味杂陈，"这件事你跟其他人说过吗？"

"坐在我后面的佳佳知道，她也被小丽这样欺负过。"

妈妈的心一沉，她知道女儿碰到校园欺凌了，而且这种欺凌非常特别。

她赶紧抱了抱孩子，说："女儿，妈妈先要表扬你。你在学校被欺负了，能勇敢地告诉妈妈，这种做法是对的。以后，遇到这样的事，千万不能向大人隐瞒。这种情况有多久了？"

"我不记得了，有一个多月了吧……"

"宝贝，妈妈向你道歉，没有早点儿注意到你的问题。妈妈一定会帮你解决这件事。你先擦擦眼泪，去吃饭好吗？"

"好的，妈妈。"琦琦如释重负地说。

晚餐过后，妈妈赶紧给佳佳妈妈打了一个电话。佳佳妈妈听说这件事后异常惊讶，表示会立刻问问女儿。

过了没多久，佳佳妈妈给琦琦妈妈打电话说："佳佳说确实有这种事。"

"佳佳非常苦恼，一直不敢告诉我，怕我骂她。她说，全班不止她们俩，至少有四五个女生，都被小丽拉到卫生间，用这种奇怪的方式骚扰过。"佳佳妈妈说。

琦琦妈妈有点不敢相信，这么长时间，居然没有一个孩子向老师和父母反映这个问题！

琦琦妈妈立即给班主任高老师打了一个电话。高老师非常重视，立即打电话给小丽的家长。

第二天一早，小丽的父母赶到学校时，校长办公室已经聚集了好多人，其中大部分都是受害女生的家长。

小丽的爸爸妈妈羞愧地向大家道歉。小丽的爸爸尤其自责，他解释说：“一开始我也不理解女儿为什么会这样。后来，我回想了一下，我以前在网上下载过几个视频，视频里有这样的行为。小丽趁我不注意看过这些视频，于是她就模仿视频里的人……”

小丽爸爸深深鞠了一躬：“我对不起大家！”

“其实，你女儿也是受害者呀！”琦琦妈妈意味深长地对小丽爸爸说。

厕所、墙角等地方，是学校比较隐秘的角落。个别欺凌者会在这样的地方实施欺凌行为。

如果有人在身体层面骚扰你，你应该怎么保护自己呢？

第一，身体隐私部位禁止他人触碰

青少年朋友，你的身体是你自己的，你拥有绝对的支配权。你身体的隐私部位，简单来讲就是内衣、内裤遮盖的地方，绝对不能让任何人触碰。无论对方是同性还是异性，任何让你不舒服的身体接触，你都有权利拒绝。

第二，遭遇相关事件，要勇敢求救或自救

由于欺凌环境一般比较隐蔽，所以你要尽量让自己冷静下来，在第一时间拒绝并勇敢求救，或尽可能利用环境中的物品发出巨大的声响，以引起其他人的注意。你也可以留心观察具体情况，利用一切机会逃跑。

第三，第一时间将你的遭遇告知值得信任的老师和家长

有些同学年龄小，或者性格比较内向，由于害

怕欺凌者报复，或是害怕老师或者家长批评，所以不敢告诉家长或者老师自己的遭遇。这种做法是极其错误的。

任何时候，你都要记住，老师、家长永远是你最坚强的后盾。所以，千万不要隐瞒，要第一时间将你的遭遇告诉老师和家长。

第四，联合其他被欺负的同学向家长和老师反映情况

如果听说其他同学有类似遭遇，可以和他们一起找大人反映情况。记住，群体的力量大于个人的力量！

有人跟踪我，我该怎么办？

9 岁的丽莎是一个瘦瘦高高的小女孩。这天，爸爸接她回家。到了停车场，爸爸在停车，让她先回家。

丽莎背着粉红色的书包，蹦蹦跳跳地朝自己家走去。她不知道，背后有一双邪恶的眼睛正盯着她——一个中年大叔尾随她到了她家楼下！

“嘀嘀嘀……”毫不知情的丽莎正在按单元门的门禁密码。后面那个大叔装作若无其事的样子在门口徘徊。看到丽莎拉开门走了进去，那个大叔在门快要关上的一瞬间，一步上前，拉开门，快速跟了进去。

丽莎看上去对身后的事情一点儿都不知情，径直朝电梯间走去。尾随丽莎的大叔，虽然刻意地和丽莎保持着一定的距离，但随时都能抓住丽莎。丽莎随时都有危险！

正在这个时候，事情出现了一个大转折！

丽莎在接近电梯间的转角处，以闪电般的速度走进了与电梯间方向相反的楼道。而跟在丽莎身后的大叔完全没有意识到这一点，仍径直走向了电梯间。

接下来，丽莎通过楼道快速向单元门跑去，并拉开门，飞奔出去。

眼看着丽莎从自己的跟踪范围内消失，那个大叔一时间有些慌乱，只得落荒而逃。

丽莎快速跑向停车场，找到了刚停好车的爸爸。

“爸爸，我刚才碰到了一个人……”丽莎冷静地跟爸爸描述了刚才的遭遇。

“哦，丽莎，你很勇敢、很机智，爸爸为你骄傲！我现在马上报警，让警察叔叔来看一下那人究竟怎么回事。”爸爸边说边拨打公安报警电话110。

青少年朋友，你觉得丽莎勇敢吗，机智吗？遭遇此类危险，我们该如何保护自己呢？

1单元

第一，保持镇定，不要惊慌

实际上，丽莎早就知道有人在跟踪她。然而，她没有慌乱，没有哭喊，而是冷静地在心里盘算怎样甩掉对方！她干得真漂亮！

有些同学就要问了，怎么才能像丽莎一样冷静呢？

我们在日常生活中，可以有意识地训练自己这方面的能力。比如，遇到事情时，先深呼吸至少三次，这样大脑中主管情绪的杏仁核就会安静下来，负责决策能力的前额叶皮质就会开始工作。

一旦前额叶开始工作，我们就会变得十分机智，就会调动所有脑细胞，想办法来处理眼前的事情。

第二，尽量去人多的场所

一旦发现有人跟踪你，千万记得不要直接回家，以免跟踪者掌握你的住所。

你可以改变常规的行走路线，比如突然拐弯或多绕一些路，看看是否能摆脱跟踪者。

如果附近有商场、超市、派出所、消防站等，可以进去求助。人多的地方相对更安全，跟踪者可能不敢轻举妄动。

第三，培养观察能力，了解逃生通道

我们要培养自己的观察能力。在学校、住宅区、商场等地方，要了解逃生通道在哪里。

故事中的丽莎就非常熟悉自己居住的环境，这为她成功逃脱奠定了基础。

第四，及时向成年人求助，确保后续安全

这一点非常重要。千万不要觉得自己能够摆脱别人的尾随就大功告成了。你要记住，遇到这样的危险，要第一时间向成年人求助，要确保自己彻底远离了危险。

故事里的丽莎在摆脱了怪叔叔的尾随后，及时向爸爸求助，彻底保证了自己的安全。她做得非常好。

老师要给我检查身体，我该怎么办？

亮亮是某市一所中学的学生。

这所学校的 Z 老师是全国闻名的数学名师。他辅导的学生，曾经多次在国际数学竞赛中拿到金牌。有不少学生之所以报考这所学校，就是希望能够成为 Z 老师的学生。

这天，Z 老师说要把亮亮带到家里单独辅导他。亮亮以为这是老师对他的器重，所以想也没想就跟着老师回家了。

Z 老师先和亮亮讲了他对数学竞赛的理解，以及他做的训练计划。他们的谈话快结束的时候，Z 老师用关切的口吻说，学习是一项艰苦的任务，要吃得起苦，身体就必须好。他表示，自己以前做过一段时间医生，想帮亮亮检查一下身体。

然后，Z老师拿出一个听诊器，听了听亮亮的心脏。

接着，他要求亮亮把裤子脱了，并说要检查他的私处。亮亮虽然有点吃惊，但是转念一想："老师当过医生，帮我检查身体是为我好，我别想多了。"于是，他按老师说的把裤子脱了。

后来，他们班几个男生一起聊天时，一个男生提到了Z老师的古怪行为。大家这才震惊地发现：受害者并非只有自己！

然而，他们并不敢将这件事告诉别人。Z老师是一个有着完美光环的名师，他们认为不会有人相信他们的话，这么做只会引来新的麻烦。

所以，他们一起心照不宣地保守着这个秘密。

后来，亮亮忍不住和妈妈说起了这件事。亮亮妈妈觉得事态严重，立马向学校反映此事，同时报了警。

男孩也可能被性侵，这是不容忽视的现实。

据相关研究，无论遭遇哪种方式的性侵，男性平均要花 26 年时间才能走出性侵带来的阴影，才能勇敢说出自己曾经的遭遇。

那么，作为男孩，如果遭遇这样的伤害，我们该怎么办呢？

第一，第一时间拒绝，你有权利保护你的身体

各位同学，每个人都是独立的个体，都有保护自己身体的权利。这意味着你的身体只属于你自己，其他人不能违背你的意愿侵犯你的身体。

在法律上我们的人身权利不容侵犯，在道德上也是如此。如果有人试图支配你的身体，那就侵犯了你的合法权利，这种行为是不被允许的，应当受到谴责。

第二，注意分辨别人的一些“特殊话语”

性侵的施害者往往是受害者的熟人，比如受害者

的小伙伴、亲戚、老师等。因为与受害者熟悉，他们才有机会近距离接触受害者。

他们的性侵方式也十分隐蔽。比如，他们可能会说：“让我来看看你发育得好不好。”“你的皮肤很白，让我看看你全身是不是都这么白！”“你已经长大了，我来教你做一些事情。”等等。

注意！当听到类似的言语，你要提高警惕，坚决拒绝对方的要求。

第三，遭遇侵害后，允许自己有负面情绪，但要记住错不在你

一般来讲，男孩遭遇性侵害后不仅不敢告诉别人自己的遭遇，反而可能产生深深的自责、自我否定、羞耻感等。

我们要允许自己有这样的感觉。我们越是不能接受自己有这样的感觉，这样的感觉会越强烈。关键的是，我们要有这样的信念：这不是我的错，我是受害者！

第四，别怕被人误解，一定要及时告诉家人

一般来说，被侵犯后，有些青少年，尤其是男孩，会选择不告诉家人，因为他们害怕被嘲笑、被误解。

另外，日常生活中，有些人有这样的观点："男孩是不会吃这种亏的。""男孩因为这点事情伤心真是小题大做。"等等。因此，遭遇侵犯的男孩更容易产生心理负担。

千万不要有心理负担，如果你因为怕被别人误解而选择保守这样的秘密，那么你可能遭受更大的伤害。你的沉默可能纵容坏人进一步伤害你。

所以，一定要及时把自己的遭遇告诉值得信赖的家人，然后在家人帮助下采取更好的措施来保护自己。

被网友诱骗“裸聊”，然后遭要挟，我该怎么办？

小江是一名高一男生，平时除了学习、吃饭、睡觉等，剩余的大部分时间都用来上网、玩手机。他不知道，在他十分沉迷的互联网上，一双罪恶的眼睛早就盯上了他。

这天晚上10点多，小江在某网络社交平台收到一个陌生人的好友申请。对方的头像是一个清纯可爱的女孩子，账号名字叫作薇薇。

他添加对方为好友之后，发现对方的朋友圈有很多热辣的自拍照。

很快，薇薇发来信息：“小哥哥，我是做直播的，刚开始做这行。我业绩不大好，你能不能关注一下我？”薇薇楚楚可怜的开场白，让小江动了心。

按照薇薇的提示，小江很快安装好了直播软件，并找到薇薇的直播间，关注了她。

薇薇送上一波热烈的感谢：“小哥哥你真是大好人，这么热心地帮助我。我该怎么感谢你呢？”

小江说：“不用客气，举手之劳。”

谁知，小江刚说完，薇薇的回馈已经来了：“我给你一个独家福利吧！”

随后，薇薇发来了视频邀请。

小江有点好奇，就按下了“接听”按钮。

穿着十分暴露的薇薇，在视频里向小江热情地打招呼。

小江一下子没反应过来。

薇薇说：“人家都给你看了，你也给人家看看嘛。”

小江懵懵懂懂，居然答应了对方的请求。

聊天结束没多久，薇薇突然发来一个文件。

小江打开一看，里面是小江手机通讯录里的联系人和电话！

“你这是什么意思？”小江觉得有些不对劲。

网络诈骗！！

薇薇完全换了一副面孔："哪有白占的便宜？小帅哥，我发你一个账号，你赶紧给这个账号打一万块钱！明白吗？"

"啊，为什么要打钱？"小江又紧张又生气。

"不打钱？哼！那就让你的家人和同学好好看看你的真面目！"

"我一个学生，哪有那么多钱？"小江好像意识到了什么。

"没钱？好！过两天，有人会在你家所在的小区张贴你的裸照，还会把你的裸露视频发到网上。到时候，你就是大网红了！"薇薇凶相毕露。

这可把小江吓坏了，他不敢想象薇薇描绘的景象，而且对方看起来是认真的。但他实在不敢告诉父母，无奈之下，只能把自己的8000多元压岁钱全给对方打了过去。

之后一段时间，对方并没有就此收手，几次三番勒索小江。小江再也无法正常学习，整日整日在恍惚中消磨时光。

最后，他实在熬不下去了，硬着头皮把事情向家人和盘托出。他的父母立即报警，警方顺藤摸瓜，一举抓获了这个网络诈骗团伙。

各位同学，生活在这个时代的我们，每天都可能被网络上的各种信息骚扰。其中，最危险的莫过于网络诈骗信息。

也许你会说，故事里的小江怎么这么笨，这么容易上当！

这里不得不提一个情况，那就是人的侥幸心理。在这样的诈骗套路中，网络另一头的“好友”，全都是专业的“性诱骗高手”，他们的背后是训练有素的诈骗团队。他们的坑早就挖好了，就等抱有侥幸心理的人往下跳了。

小江遭遇的诈骗套路是这样的：诈骗者先在社交平台以“美女”身份诱导受害人添加好友，然后引导受害人下载直播软件，最后以裸聊为诱饵让受害人入坑。

受害人下载的直播软件其实是个木马程序，能获取受害人手机里的各种信息。

此外，网络上更有许多别的网络诈骗套路，我们一定要小心。

那么，在这种情况下，我们该如何保护自己呢？

第一，不要抱有侥幸心理，不要相信“天上会掉馅饼”

千万不要相信“天上会掉馅饼”。这句话提醒我们，要时刻保持理性和警惕，不要有不劳而获的幻想，尤其在网络时代。眼下，我们每天都会接收到各种各样的信息，其中不乏一些十分诱人的消息，比如中奖、补偿、退税、赠送等。这些信息的背后很可能都有一个诈骗套路，等着我们往里钻。

我在这里要特别向青少年朋友强调，面对纷繁复杂的信息，一定要时刻保持清醒的头脑，不要贪图小利，要多方核实信息的真实性和可靠性，不要随意点击不明链接或扫描不明二维码，不要随意泄露个人隐私信息或转账汇款，不要轻信所谓的内部消息，不要参与任何形式的赌博。这样我们才可能远离网络诈骗。

第二，保持冷静，和对方切断一切联系

如果你已经掉入网络骗子的诈骗套路，面对网络骗子的威胁，一定不要惊慌失措，因为骗子就是要利

用你的慌乱，快速攻破你的心理防线，让你在慌乱中做出错误决定。

正确的做法是，立即切断与对方的一切联系，不要再与对方有任何互动。你如果继续与对方互动，对方很有可能利用各种防不胜防的骗术继续欺骗或恐吓你。

第三，守住“不转账”的底线

无论如何，绝对不要向对方的要挟和勒索屈服，千万不要转账，这是底线。正确做法是，先稳住对方，然后在第一时间告诉父母，并在父母的帮助下报警。当然，要保存好相关证据，如聊天记录等。

第四，不要和“网络陌生人”说话

在互联网的社交平台上，要提高警惕，务必做到以下几点：

1. 只和认识的人联系，尽量不要和“网络陌生人”

说话；

2. 不要随意接受陌生网友的任何邀请；

3. 不要随意点击来历不明的链接和下载来历不明的软件（里面很可能有木马病毒）；

4. 不要随意向他人提供任何手机验证码；

5. 保护好自己的隐私信息，如身份证号、家庭住址、家庭经济状况、个人照片及视频等。

遭遇校园猥亵，我该怎么办？

高一女生小琪，和妈妈无话不谈，她就像妈妈的闺密一样。

有一次，小琪和妈妈一起看电视。电视正在播放某校老师猥亵女学生的新闻，她随口问妈妈："妈妈，我们学校应该不会发生猥亵这种事吧？"

"妈妈觉得，虽然你暂时没遇到这种事，但这并不代表你将来永远碰不到。"妈妈抿了抿嘴，"我给你讲个故事吧。故事的主人公是一个正在读大学一年级的女孩，我就叫她小高吧。"

"小高？她和您一个姓……"小琪疑惑地说。

妈妈苦笑了一下，讲起了小高的遭遇。

期末考试的成绩出来了。看到自己的数学成绩，小高心凉透了。她考试那几天正在生病，因此昏昏沉沉地考了个不及格。

第二天，班长告诉小高：“你数学考试没及格，王老师让你去他宿舍找他。”

小高的心一沉：怎么办？老师肯定要批评我了，我该怎么办？

然而，小高还是鼓起勇气，按照约定的时间敲响了王老师宿舍的门。

王老师正坐在书桌前写东西，他示意小高在旁边的沙发上坐下。

“你怎么了？你这次数学考试没考好！”王老师开门见山地说。

“王老师，我……我这次考砸了。我那几天正在生病，但我尽力了。下次，我一定努力。”小高有些羞愧地说。

王老师放下笔，走到小高面前，轻轻拍了拍她的头，然后说：“老师理解你。你一直很上进，你的努力老师也看得到。”

听到王老师的安慰，小高感觉他就像自己的一个长辈，心里暖暖的。

“王老师，我能补考吗？我真的不想挂科。爸爸妈妈肯定会伤心……”小高鼓起勇气问。

“补考嘛……有点难啊……你这个挂科的事情，真的挺棘手的。”王老师突然严肃起来。

小高慌了神：“那我怎么办呀？”

王老师紧挨着小高坐了下来。同时，他把一只手放在小高的肩膀上，语气缓和下来：“其实，我注意过，你上课很认真……”他一边说，一边竟然又把那只手放到了小高的大腿上，并说：“老师其实很欣赏你……”

小高一下子僵在那里，头脑里一片空白。

王老师见状变本加厉地说道：“哎呀，你不要紧张。你这样子，老师都不知道该怎么办好了。其实，老师真的挺喜欢你的……”

小高浑身不由得颤抖起来，只想赶紧逃开，但是她的两条腿像生了根，完全动弹不得。

正在这时，有人敲门。

王老师停下手，好像什么事都没发生过一样，平静地问：“你说吧，你想要多少分？”

趁着这个机会，小高用尽所有的力气站起来，飞一般逃了出去。

小高跑到校园里一个无人的角落，放声大哭起来。她不断地问自己："他为什么这样对我？是不是我做错了什么？"

小高回到寝室后，在浴室一遍又一遍地用水冲洗自己的身体。然而，她内心的羞耻感始终挥之不去。

从此之后，小高的性情发生了很大的变化。她变得沉默不语，见到异性会绕道而行，每次看到王老师都特别紧张。每次上数学课，她总是坐在教室最后一排。

相当长一段时间，一直萦绕在小高心头的一个困惑是："我到底做错了什么？他为什么要这样对我？"

小琪默默地听完妈妈的讲述，然后抬头问："妈妈，这个小高是不是……"

"是的，就是我！"小琪妈妈看着女儿充满疑惑的眼睛，鼓起勇气说，"如果有机会和20年前的那个'我'对话，我一定会大声告诉'她'：'小高，做错事的是那个道貌岸然的王老师，不是你。你是受害者。你不要害怕，你应该在第一时间反抗。你姑息坏人，只会纵容对方做更多的坏事。'”

说到这里，妈妈握紧小琪的手，并用坚定的语气对她说：“宝贝，万一你以后遇到类似的事情，一定要勇敢地反抗，保护好自己。你也要第一时间告诉爸爸妈妈，我们都是你的后盾，一定会保护你、支持你！”

小琪用力地点点头，给了妈妈一个久久的拥抱。

以上这个故事是我的受访者高姐的亲身经历。她花了20多年时间才慢慢治愈了心里的伤，才有勇气告诉女儿自己曾经的遭遇。

她后悔的是，当时迫于各种压力，没有采取任何行动。她常想，是不是还有其他女生也曾有过类似的遭遇？

如果不幸遭遇类似事件，我们该如何保护自己呢？

第一，第一时间坚决地拒绝

坏人企图猥亵你的时候，一般会有个试探过程。比如，他会先触碰你的一些部位。如果你没有反应，保持沉默，没有拒绝，那么他才会采取进一步行动。

所以，如果有人故意突破身体界限，触摸、骚扰你，一定要第一时间坚决地拒绝。你的丝毫犹豫都有可能给坏人一种错觉——他可以采取进一步的行动，这是非常危险的。

第二，警惕某些成年人的“光环迷惑”

有个数据特别值得注意，侵害未成年人的坏人，超过 70% 是未成年人的熟人。在这些侵害者当中，有相当一部分人会以自己的权威光环迷惑并压制未成年人，进而通过诱骗、假装关爱、讨好等手段，对未成年人进行心理操控。

一定要记住：在与人交际的过程中，即便对方是你熟悉的长辈或师长，也要注意保持身体界限。一旦对方越界，你要特别注意，要果断、迅速地离开现场，并及时寻求值得信任的大人的帮助。

第三，勇敢、积极地保护自己

一旦遭遇此类事件，可以向学校投诉，学校有责任处理这类事件。甚至要在第一时间报警，通过法律手段维护自己的合法权益和人身安全。

不要因为害怕或羞耻而不敢有所行动，你的安全和权益是最重要的，要勇敢地维护自己。错的不是你，而是对方，该感到羞耻、受到惩罚的人是对方！

第四，遵守和异性成年人相处的“三不原则”

原则一：不在密闭的空间共处。如果有人邀请你到对方办公室、宿舍等地方，并且现场只有你们两个人，要尽量拒绝。

原则二：不要相信对方的承诺。如果有人向你承诺，只要你听他的话，他就会给你买漂亮衣服、送你好吃的等，千万不要相信，更不要接受，要直接拒绝。

原则三：不要惧怕对方的威胁、恐吓。如果对方恐吓你，千万不要惧怕，反而要第一时间告诉父母，并在他们的帮助下想办法解决问题。

学长请我吃饭时给我下药，我该怎么办？

小希到现在仍然惊魂未定。

就在一小时之前，她刚在“悬崖”上走了一遭。

今天上午，她突然收到师哥小楠的微信：“Hi，小希！我正好在美食街附近，待会儿要不要一起吃午饭？我们好久不见啦！”

“好嘞！你回来啦，我请你吧！”

“还是我请吧，谁叫我是学长呢。”

小楠比小希大一岁，学识渊博，风度翩翩。两人在高中社团相识，后来一直保持着联系。这次小楠发出邀请，小希当然不好拒绝。

在一个快餐店，两人边吃边聊，仿佛回到了以前的美好时光。

随着几杯茶水下肚，小希起身去上厕所。

随后，不平常的一幕出现了。

小楠先四下看了看，然后拿过小希的水杯，紧接着从衣兜里掏出一个小纸包，把里面的粉末状东西一股脑儿倒了进去。之后，他快速地把水杯摇了摇，并放回了原处。这一切发生在几十秒之内。

小楠不知道，他的所作所为被一个女服务员看在了眼里。

小希从厕所回来的路上，女服务员悄悄拦住了她，并把刚才发生的一切，悉数告诉了她。

小希吓得捂住了嘴，两腿不停地发抖。

女服务员一边安慰她，一边做了个打电话的手势。小希知道她的意思是要报警，稍稍犹豫之后，默默点了点头。

小希回到座位上，神色有些恍惚。

小楠若无其事地跟她聊天，小希点头应和。

“怎么了，没胃口吗？喝点水吧。”小楠说完，喝干了自己杯子里的水。

“我不敢多喝，怕上厕所。”小希紧紧握着杯子，

W
C
女

但就是没动。

没过几分钟，两位民警出现在餐桌旁。

小楠脸色惨白，还想掩饰："怎么了，有什么事吗？"

最终，小楠不得不承认自己在小希的水杯里下了药。

小楠说，他给小希下的药是他从国外买回来的迷药，人喝下去后很快就会失去意识，任人摆布。

真没想到，这个风度翩翩的学长，竟是披着羊皮的恶狼！

等待小楠的，是法律的严惩。

青少年朋友，随着年龄的增长，你的社交面会越来越广，你甚至可能结交一些班级以外或者学校以外的朋友。

在这个故事里，小希如果没有遇到好心的服务员，后果真的不堪设想。

人际关系中，最可怕的是来自"熟人"的侵害。因为对方是"熟人"，我们可能会放松警惕；因为对方是"熟人"，我们可能会完全信任对方；因为对方是"熟人"，哪怕对方做了一些过分的动作，说了一些越界的话，我们也可能将其合理化。

那么，面对不怀好意的“熟人”，我们该如何保护自己呢？

第一，出门在外，对入口的东西要保持警惕

这一点十分关键！我们出门在外，对于所有入口的东西都要心存警惕！

很多青少年对于好看、好吃的食物都有本能的喜欢。但是我要提醒大家，凡是入口的东西，如饮料、零食等，一定要留个心眼。尽可能拒绝食用别人尤其是陌生人给的食物。

现在，有一些新型毒品，被人伪装成诱人的饮料或零食，不明真相的青少年容易被骗，一旦食用，犹如踏进深渊。一定注意。

第二，陌生人给的食物不要吃

这一点必须牢记。陌生人给的任何入口的东西，

即使再好看、再好玩、再好吃，也不要吃！因为我们无法确定其来源和安全性。

你要知道，拒绝一个陌生人给的食物非常正常，别不好意思！比起你的安全，其他都不重要。你可以用委婉而坚定的方式拒绝，例如“谢谢，我不饿”“我妈妈不让我吃陌生人给的东西”等。

第三，在外面吃饭，确保水杯安全

各位青少年朋友，我们在外面吃饭的时候，要注意管理好自己的餐具和水杯。要确保餐具和水杯没有被调换过。如果离开过座位，比如去洗手间或者接打电话回来之后，尽可能换一个水杯，重新倒水喝。

或者，你可以随手拿一个自己的专用水壶。这样你遭遇类似小希的风险的概率就会大大降低。

第四，尽量不和不熟悉的人外出吃饭

青少年尽量不要和不熟悉的人外出吃饭。如果确实因为一些事情不得不和不熟悉的人一同进餐，要将外出吃饭的时间、地点、同行人员等信息告诉家人，并保持通信畅通，以便家人随时能联系到你。

在进餐时，对于不熟悉或看起来不安全的食物，谨慎选择。另外，未成年人要坚决拒绝饮酒，避免醉酒后失去自我保护能力。

此外，要留意周围环境和对方的言谈举止。如有异常情况，及时寻找借口离开。

PART 3

面对生命安全问题，怎么保护自己

和同学出去玩，没告诉父母，我该怎么办？

莎莎上小学五年级。她家就在学校旁边，她每天只用 5 分钟就可以走到学校。上了五年级之后，莎莎一般都是自己上学、回家。

这天下午 5 点多钟，奶奶在家里准备好了水果和小点心，等待莎莎放学回家，可是左等右等都不见她回来。

“奇怪了，这丫头平时不都是这个时候到家的吗？今天怎么还没回来？”奶奶嘀咕着。

“是不是被老师留下了？”爷爷说。

爷爷奶奶又等了 20 分钟，还是没见孙女进家门。

于是，奶奶就给莎莎妈妈打了个电话。

莎莎妈妈打电话问班主任袁老师。袁老师说："今天是正常放学的。"

"那女儿去哪儿了？真是奇怪。"莎莎妈妈心里闪过一丝不好的预感。

这个时候，距放学已经一个小时了。莎莎妈妈给女儿几个要好的同学打电话询问情况，但莎莎并不在他们家。

闻讯赶回来的莎莎爸爸，黑着脸坐在家里的沙发上，沉默不语。他平时最疼爱莎莎，简直把她当作掌上明珠。

"莎莎到底去哪儿了？她不会遇到坏人了吧？"奶奶急得哭了出来，半躺在沙发上，张着嘴大口大口喘气。

"我们再出去找找吧！"爷爷倒是很冷静，提议道。

于是，全家人纷纷出动，分头在小区附近的公园、商场等地方仔细地找了一圈，但是并没有发现莎莎的身影。

妈妈十分担心，各种孩子被伤害的场景像电影画面一样不停地在她脑海里闪现。"女儿啊，你到底在哪里呀？”她心里一直在默念。

这个时候，距莎莎放学已经整整两个小时了。他们决定去报警。

正在这时，门铃响了。妈妈打开门一看，莎莎回来了。

“莎莎，你到底去哪儿了？妈妈真是急死了！奶奶急得都要犯病了！”妈妈一把拉住莎莎的胳膊，生气地说。

奶奶靠在沙发上，用手摸着额头，一时说不出话来。

爸爸坐在餐桌旁的凳子上，一言不发，神情冷酷，和平时和蔼的模样判若两人。

看到这种架势，莎莎低着头，小声说：“我放学时遇到了隔壁班的霖霖……”

“哪个霖霖？你上幼儿园时的那个同学？”妈妈问。

“对啊，她在五（2）班。她说她家有许多盲盒，想带我去玩儿。我就跟着她到她家去了。我玩得太开心了，就忘了时间……”

“你下次可得注意啊！你知不知道我们很着急！

我们找了你整整两个小时。咱们家附近，我们全找遍了！”

“知道了，我下次再也不这样了。”莎莎边说边换鞋，想赶紧逃到卧室里。

奶奶轻声地说：“莎莎，回来就好，以后千万别这样了哦！奶奶快被吓死了。”

爷爷点了点莎莎的鼻子，说：“你也太贪玩了！”

妈妈系上围裙，一头钻进厨房，开始准备饭菜。

大家忙活了这么久，肚子都饿得“咕咕”叫了。

“来，你跟我进来。”这时，一直坐在餐桌旁的爸爸起身说话了，他的声音沉沉的。

莎莎向爷爷吐了吐舌头，然后跟着爸爸进了一个房间。

门“砰”地关上了。

“莎莎，爸爸之前告诉过你，你一个人外出时，要提前和家人说一声，要告诉家人你的去向。”

“嗯。”

“那你今天怎么还这样？你知不知道我们有多担心你？”

“爸爸，我错了！”

“你必须记住今天的错误。这种事以后再也不能发生！”莎莎爸爸严厉地把莎莎批评了一顿！

莎莎意识到自己确实犯了错，不应该不跟家人打招呼就出去玩儿！

“爷爷奶奶、爸爸妈妈，我错了！我让你们担心了，对不起！下次我再也不这样了……”莎莎走出房间后，非常真诚地向家人道歉。

“小孩子外出要告诉家人，这是原则问题。你必须牢记。你知道错了就好。”爸爸的语气终于有所缓和。

平日十分疼爱莎莎的爸爸，这次却狠狠地批评了她一顿。你觉得莎莎爸爸做得对吗？如果你因为有事情要外出，你会怎么做呢？

第一，一个人外出必须向家人报备

无论是男孩还是女孩，外出的时候一定要向家人报备，提前告诉家人要去哪里、和谁一起、大概什么时候回来等。这是一个原则问题，每个青少年都要牢记。

未成年人一个人在外，十分危险。生命只有一次，不可以重来，所以生命安全十分重要，若要外出一定要及时向父母报备。

第二，绝对不去危险的地方

如果外出的话，一定要牢记，绝对不能去危险的地方，比如比较偏僻的巷子、人烟稀少的地方等。

你要对去的地方及周边环境有一定了解，并且知道如何返回家里。

第三，不能去未成年人不能去的地方

还要注意，千万不要去那些法律禁止未成年人去的地方，比如网吧、酒吧等。因为这类地方可能会有不怀好意之人。未成年人社会阅历少，去这些地方会遭遇很多风险。

第四，不能和陌生人结伴外出

如果要出去，尽量不要单独外出，要和可靠的朋友一起外出。绝对不能和不熟悉的网友或陌生人结伴外出。另外，出门在外，不要接受陌生人的食物、饮料等，不要向陌生人透露家庭住址、家庭经济状况等隐私信息。

第五，遇到危险，及时求助

外出期间，一旦感觉有危险或遇到麻烦，要及时向值得信赖的成年人求助，必要的时候要及时报警。

第六，有关生命安全的秘密不能保守

比如，如果你的同学离家出走，没有向家人报告，但悄悄告诉了你，你要想办法及时告诉他的家人。朋友之间有些秘密是可以保守的，但是关乎生命安全的秘密，一定要告诉大人，而且一定要尽快、及时！

在街头看到有人持刀行凶，我该怎么办?

“圆圆，来来来，坐沙发上，妈妈有事跟你说。”

圆圆今年上五年级。她长着圆圆的脸蛋、圆圆的眼睛。她的样子，和她的小名真是般配！

“什么事啊？妈妈，你怎么这么严肃？”圆圆笑嘻嘻地说。

“唔，你也是大孩子了。妈妈昨天看到一则新闻，觉得有必要告诉你一下。”

妈妈喝了口水，开始跟圆圆讲述昨天看到的新闻：“昨天，某派出所接到一个报警电话，报警人说有一个男子正在马路上持刀伤人。民警叔叔很快就赶到了现场。那个男子似乎很激动，挥舞着菜刀在人群中跑来跑去。

“大马路上突然发生这样的事，多危险啊！周围有很多人。民警很快将持刀的人击倒在地，然后迅速把他送到医院。不幸的是，此前有人因为围观、看热闹，被持刀男子砍伤了。”

“圆圆，你还记得吗？妈妈教过你，遇到突发事件，作为一个未成年人，你该怎么办？”妈妈打算考考圆圆。

“就是一个字——跑。”圆圆眨眨眼睛说。

“回答正确！遇到突发事件，遇到坏人，别凑热闹，别犹豫，拼命地跑！尤其要朝大人多的地方跑。实在跑不掉的话，也可以找一个适合掩藏的地方藏起来。”妈妈继续说，“比如，今天妈妈说的这则新闻，现场非常危险。如果你在现场，必须立即跑开！”

“嗯，我记住了！”圆圆坚定地说。

妈妈抱了抱圆圆，说：“孩子，妈妈跟你说这些，不是要向你强调外面的世界很危险。事实上，一个人遇到这类事件的概率跟买彩票中头奖的概率差不多，但是我给你讲的保护自己的方法，你可千万不能忘

记哦！”

“嗯，知道了，妈妈！”圆圆大声地回答。

各位同学，这个世界总有意外发生。如果在公共场所遇见危险，我们到底该怎么做才能保护好自己呢？

第一，绝不能上前凑热闹

青少年往往很有好奇心，但是无论何时，一定要注意安全。如果遇到危险，千万不要像故事里的那些好事者一样，做围观者，凑上去看热闹，否则很有可能遭受伤害。

有一次，我在网上看到一则新闻。某地由于天气不好，发生山体滑坡。巨大的泥石流从山上冲了下来，有一些路过的游客，不但没有赶紧跑开，反而凑上前拍照。

殊不知，巨大的泥石流很有可能将他们吞没。所以，遇到危险，坚决不能上前凑热闹！

第二，保持冷静，不要激怒行凶者

遇到有人行凶，有些路人会激动地大声喧哗，或拿着手机拍照、拍视频，这是非常不可取的！因为这很有可能刺激行凶者实施暴力行为。

所以，各位青少年朋友，一定要记住，如果遇到有人行凶，必须保持冷静，不要做出激进的举动，以免激怒行凶者。

第三，最简单易行的办法是——赶紧跑

在遭遇突发危险事件时，我们要和故事里的圆圆一样，脑海当中只有一个字——跑！别犹豫，拼命跑！而且要往大人多的地方跑！

学会这一招，我们就好像给自己的生命安全上了一份“保险”，遭遇危险时我们才能更好地保护自己。

第四，找个合适的地方躲藏起来

我们在跑的过程中要注意观察周围环境。如果有适合藏身的地方，要尽快躲起来。如果有大人在，要尽快呼救。

盲目减肥导致差点生重病，我该怎么办？

这年夏天，女生晓倩的同学阿丽通过微信发了几个网络视频给她，视频内容是一些明星和网红在秀自己的“A4 腰”。这几个视频在网上的点赞量、评论量、转发量特别大，很多人在下面纷纷留言：“我也要 A4 腰！太羡慕了！”

所谓“A4 腰”，是指比 A4 纸的宽度还要窄的腰。“A4 腰”是继“马甲线”“反手摸肚脐”“锁骨放硬币”等之后，网络上兴起的又一波“畸形审美”热潮。

阿丽发完视频后用羡慕的口吻说：“真希望有她们

的同款腰啊……”

“你还好啦！我才胖呢，我爸都嫌弃我了，说我胖了好多……”晓倩发了这几句话后，还发了一个哭泣的表情。其实，晓倩一直对自己的身材不满意，这次阿丽发视频给她，真是戳到了她的痛处。

怎样才能拥有“A4 腰”呢？从那天开始，晓倩特别留意网上很多所谓“网红”推荐“减肥秘诀”的相关视频。每每看到这样的视频，她都会认真地学习。

后来，晓倩听网络上的许多人说“不吃主食可以变瘦”，于是开始节食，不仅不吃主食，每顿饭只吃几片菜叶子，有时一天只吃一个苹果。

过了一段时间，晓倩确实瘦了一些。她虽然还是没有“A4 腰”，但毕竟瘦了一些，于是引来好多女同学的羡慕。

谁知，过了一段时间，她有了一些奇怪的行为。有时，她会疯狂地吃东西，一直吃到撑得不行才会停下来。她吃多了之后，会偷偷吃泻药或想方设法把食物吐出来。此后，她会绝食几日。几日之后，她又会开始新一轮的暴食、吃泻药或把食物吐出来、绝食。

几个月之后，晓倩的身体出了很大的问题，连月

经都停了。

于是，晓倩的父母赶紧带她到医院做检查。医生检查之后说，晓倩患上了厌食症以及偶发性暴食症，需要结合心理评估进行综合治疗。

“我觉得好烦，”晓倩垂头丧气地对医生说，“我担心自己太胖会被同学嘲笑，因此不吃东西，但是我又饿！我好羡慕网上那些又瘦又美的女孩子……”

经过半年多的综合治疗，晓倩终于摆脱了疾病的困扰。每每回想起那段痛苦的日子，她都会说“那简直是一场噩梦”。

之后，晓倩再也没有通过不合理、不科学的方法减肥。

晓倩的故事告诉我们，不科学的减肥对身体甚至生命危害巨大！那么，青少年该如何接纳自己独有的身体形态，保护自己的身心健康呢？

第一，接纳当下的自己

在生活中，很多人都很容易过于关注别人的优点、放大自己的缺点，总觉得自己比不上别人。长期如此，势必失去自信，变得自卑，甚至开始焦虑。

正所谓“少年多俊美，天然去雕饰”，我们生而为人，最为重要的事就是接纳自己。当下的你，哪怕脸上有颗青春痘，那也是花样年华的象征。你要学会享受自己的独特美，接纳自己的不完美，理解“不完美才美”的深刻内涵。记住，在这个世界上，你再平凡，也是“限量版”！

当然，你也可以多多学习健康的体重管理知识，好好管理自己的身体，不仅让自己美，而且让自己健康。

第二，不要被畸形的审美潮流“带偏”

女生爱美有错吗？当然没错！男生爱美有错吗？当然也没错！

爱美是我们的天性，意味着我们对生活的尊重。同时，“享受自我之美”，也是自信的来源之一。只是，一些过分夸张，甚至有些“病态”的审美潮流通过互联网疯狂传播之后，一切都变得不一样了。

亲爱的青少年朋友，在看某些网络视频、浏览某些网络图文时，你有没有想过是谁在利用网络制造“病态审美”？这多数是某些人为了博取关注而专门设计的宣传策略。

不明真相的青少年很容易在不知不觉中被这样的畸形的审美潮流“带偏”。比如，有些青少年会效仿网络上某些人对自己进行苛刻的所谓“身材管理”“容貌升级”，甚至利用不健康的方式重塑体貌。上面故事中的晓倩，就为此付出了惨痛的代价。

第三，了解厌食症对身体的巨大危害

在这里，我要特别普及一下厌食症的危害。

一般而言，厌食症是由于怕胖、心情低落而过分节食、拒食，造成体重下降、营养不良甚至拒绝维持最低体重的一种心理障碍性疾病。厌食症患者多有治疗上的困难，其中约有 10% ~ 20% 的人早亡。原因多为营养不良引起的并发症和精神抑郁而引发的自杀行为。

盲目减肥，尤其是不科学的减肥可能引发厌食症。各位青少年朋友务必引起警惕！

第四，关注身体健康和情绪健康

如果因为减肥影响身体健康，请尽快去医院做相关检查。

同时，要关注心理及情绪健康，可以在家长的帮助下，寻求心理咨询师的帮助，缓解潜在的情绪或心理压力。

第五，通过阅读，丰富自己的心灵，追求更高层次的美

阅读是丰富心灵、对抗身材焦虑的好办法。青少年正处于理解能力、记忆能力最佳的时期。多读好书，你会发现更有深度的美。

我希望大家读读著名美学家朱光潜先生的《谈

美》。这是朱光潜先生于1932年写的一本美学入门书，他在书中谈了美从哪里来、美是什么、美的本质等问题。通过这本书，我们可以逐步理解真正的美来自人格之美、艺术之美。

此外，《美学散步》（宗白华）、《美的历程》（李泽厚）、《艺术哲学》（丹纳）、《艺术即经验》（杜威）、《叔本华美学随笔》（叔本华）等，也是不错的美学启蒙读物，一定能给你带来美的启迪。

第六，加强体育锻炼，塑造美好的精神面貌

运动可以塑造美。它不仅可以塑造体形，还可以塑造精神品质。所以，在学习之余，不要做“低头族”，抛开手机、平板电脑等电子产品，有空多运动，你一定会发现一个更好的自己。身体是心灵的宫殿，建造好你的“宫殿”，你才能保持自信和良好气质。这会让你受用一生。

网友教唆我玩自杀游戏，我该怎么办？

一个冬天的中午，一个看似普通的快递被送到了 14 岁女孩珊珊的家里。

妈妈打开快递盒子，仔细一看，里面竟是一大瓶安眠药！

“谁要吃安眠药？”妈妈一惊。

“谁让你拆我的快递了？”珊珊跑过来，一把抢过快递盒子。

发出快递的人，是珊珊在某网络社交平台认识的一个朋友——小黑。在小黑等朋友的带领下，珊珊陷入了一场网络暗黑游戏中。她闯过了一个又一个关卡，

比如在身上画指定图案、服用特殊药物、看暴力视频等。

现在，游戏已经接近终点。小黑告诉珊珊，她只要吞下药片，就会成为这场游戏最后的赢家，就会获得重生。

珊珊对此深信不疑。

虽然小黑只是自己的网友，但珊珊觉得，他是这个世界上最值得信任的人。小黑还多次向珊珊借钱，每次她都无条件相信这个网络好友。这些钱都是珊珊从妈妈那里骗来的，比如：

“妈妈，钢琴培训班的学费需要交了。”

“妈妈，手机坏了，我要买个新的。”

“妈妈，我的电脑不好用了。你转钱给我，我买个新的。”

但是，小黑从来不提还钱的事情。是啊，如果珊珊真的听了他的话，吞下去那么多安眠药，小黑哪还需要还钱啊！

为什么这么明显的陷阱，珊珊却看不出来呢？

珊珊的父母在她很小的时候就离异了，父亲不知所终，母亲为了生计忙得不可开交，对珊珊无暇关注。

性格内向的珊珊，在学校没有一个朋友。

就这样，珊珊在压抑的环境中读到初二。她接触网络游戏后，就像溺水的人找到木头一样，很快就在游戏中找到了寄托。她在和网友聊天时流露出的悲观情绪很快吸引了网友小黑的注意，他知道，猎物终于出现了。

小黑耐心地和珊珊聊天，听她发泄对父母的不满、对学校的厌恶，还不断安慰她。珊珊觉得，自己好幸运，能碰到小黑这样知心的朋友。

珊珊并没有察觉到，一场可怕的“死亡游戏”已经拉开序幕。

眼看时机成熟，小黑对珊珊说：“既然你那么讨厌这个家庭，不如早点结束生命，然后追求新生。”在小黑的洗脑下，珊珊像着了魔一样，完成了他设置的一道道“游戏关卡”……

游戏的最后一关，就是服用安眠药。如果服药，珊珊就会成为这场暗黑游戏的牺牲品。

本文开头的一幕发生后，惶恐不安的珊珊妈妈做了正确的选择——报警。

14 岁的珊珊，按说正处于风华正茂的年纪，但不幸的是，她在网上接触了一些坏人，甚至给自己招来了生命危险。

我们要懂得生命的尊贵，珍惜来之不易的生命。那么，一旦遭遇珊珊所面临的情况，我们该如何保护自己呢？

第一，拒绝唆使，切断交流

坚决不参与任何所谓的“自杀游戏”，拒绝网友的唆使，不进行深入交流，切断一切联系，避免受到不良影响。

同时，尽快将这件事告诉家人、信任的朋友或老师等，让他们知道你的处境，寻求他们的支持和帮助。

第二，联系相关网络平台，同时尽快让家人报警

如果这类唆使是在某个网络平台发生的，你可以让父母向该平台举报，要求平台进行处理。同时，也

要尽快让父母报警。

第三，警惕那些和你谈论死亡的“朋友”

如果身边有人经常跟你谈论死亡、放弃生命等话题，你要立即提高警惕。你要想明白一些问题，比如：他到底想干什么？他的话对不对？我是不是应该和父母讨论一下这个话题？等等。

另外，不要和消极厌世的人待在一起。因为这些人的情绪可能会传染给你，让你对生命产生厌恶。文中的珊珊，正是因为结交了经常给她“洗脑”的坏朋友，才一步步踏向深渊。

第四，照顾和观察某种植物或动物，体会生命的珍贵

我建议你和父母一起照顾一种植物或动物。在这个过程中，你能体验到自己的重要性，也可以通过一点一滴的照顾，观察到生命的变化和珍贵。由此，你

能增强心中的生命价值感，也能收获和父母一起守护生命的快乐感觉。

第五，在帮助别人的过程中，体会生命的价值

比如：喜欢乐器的同学，可以经常去福利院或养老院，演奏乐器给这些地方的孩子或老人听；喜欢踢球的同学，可以教更小的孩子踢球；等等。

多做好事，多帮助别人，你就会知道："有人需要我！我是有价值的！"这样，你就更不容易放弃自己了。

有时有轻生的冲动，我该怎么办？

俊凯以优异的成绩考入了 A 市的一所重点高中。他的母亲是一位中学教师，以严厉和敬业著称。俊凯考取重点高中之后，母亲的同事还有亲朋好友，都来向她取经。

“陈老师，你真是太幸福了，有那么乖巧的孩子，太让人羡慕了！”

“陈老师，你好有福气哦，什么时候给我们讲讲育儿经验啊……”

俊凯母亲一高兴，就请这些人来参加庆祝聚会。儿子成了别人眼中的榜样，她很骄傲、很欣慰。大家在聚会上不断向俊凯母亲讨教教养经验，她自然滔滔不绝、毫无保留。然而，大家没有意识到，一场毁灭性的灾难即将来临。

高中开学半个多月后的一天，俊凯从自家住的3楼跳了下去。幸运的是，他先被晾衣架架住，随后摔在楼下花坛里的绿植上，保住了性命！

人们简直不敢相信，这么优秀的孩子怎么会做出这样的举动！后来，大家才慢慢了解了事情的来龙去脉。

俊凯在学习上一向很让人省心，但升入高中后，他和一个女同学谈起了恋爱，不但如此，他还迷上了手机游戏。

母亲知道后，十分生气："凯凯，你太让妈妈失望了！你昏头了啊！"

俊凯不说话，以沉默应对母亲的指责。

母亲吃了闭门羹，心里更恼火了，对俊凯进行"两罪并罚"——禁止早恋、没收手机。

这天，母亲来学校接俊凯时，发现他和那个女生在一起。

母亲毫不顾忌两个孩子的尊严，破口大骂："我们凯凯每天都很忙，请你不要再打扰他了！以后不许再

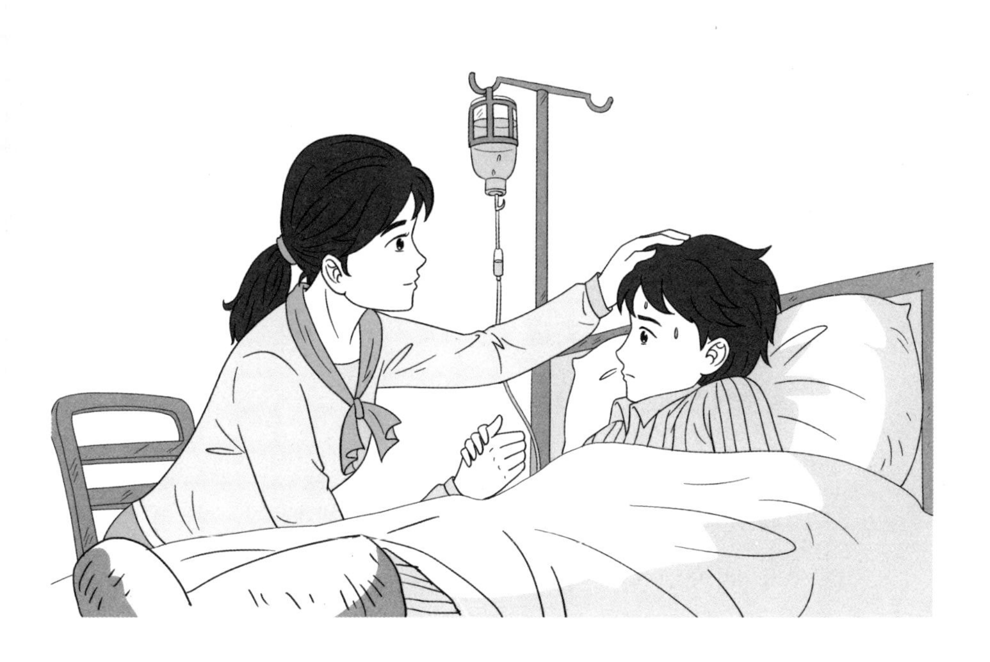

接近他！你有没有家教啊！”

女生哭着跑开了，从此再也不敢和俊凯来往。

这件事彻底激怒了俊凯。他和母亲抗争数日毫无成效。

这天，他突然跑到卧室，从窗口不假思索地一跃而下。

躺在病房里的俊凯，看着日夜照顾自己、面容憔悴的母亲，又难过又悔恨。他悄悄告诉母亲，其实从初三开始，他压力大的时候就会有轻生的念头，有时还会伤害自己。

母亲的心像被撕碎了一样，她哭着抱住俊凯说：“你好好养身体，妈妈错了！妈妈错了！”

看完这个故事，你是不是为俊凯捏了一把汗？青少年朋友，如果你有时也会有轻生的念头，请你仔细看看我的叮嘱。一定要学会保护自己珍贵的生命！

第一，立刻放弃危险的想法，转移注意力

如果你有放弃生命或伤害自己的想法，一定要立即告诉自己：马上停止！

从脑科学的角度分析，青少年的前脑，即审慎的主管区域，还未发育成熟，因此青少年容易冲动，容易做出轻率决定或过激行为。

这些轻率决定或过激行为一般都是特殊环境或事件的强烈刺激引起的。当事人有可能因情绪不稳定或过于激动而无法控制自己的行为。

一旦有万念俱灰的绝望情绪，可以通过做一些其他事情（比如看电影、听音乐、运动、画画、阅读喜欢的书籍等）分散注意力，让自己从负面情绪中暂时脱离出来。

也可以到户外走走，感受大自然的美好，呼吸新鲜空气，这对转移注意力也很有帮助。

第二，找人倾诉，或写情绪日记

你可以和自己信任的家人、朋友、老师、其他可

靠的成年人等聊聊自己的感受和困惑，不要独自承受。如果你不认可父母对你的教育方式，可以写信给父母，表达你的感受和诉求。

你也可以写情绪日记，重点记录你的情绪变化和内在感受。这有助于宣泄情绪和整理思路，可以让你逐步恢复平和的状态。

第三，保持良好生活习惯，学习放松技巧

尽量维持良好的作息、饮食、学习习惯，稳定的生活状态有助于稳定情绪。你也可以学习冥想，学习深呼吸，学习其他的放松方法，帮助自己缓解紧张和焦虑。

比如，深呼吸练习，能快速让你从不良情绪中抽离。你可以在等电梯、等红灯、等车的时间里，练习深呼吸。具体练习方式如下：

1. 放松全身，释放身体的紧张感。

2. 将注意力集中在呼吸上，感受气息进出身体的感觉。

3. 慢慢地吸气，让空气充满肺部。

4. 用鼻子或嘴慢慢地呼气，尽量将肺部的空气全部呼出。

在练习过程中，尽量排除杂念，专注于呼吸本身。随着不断练习，你会越来越熟练地掌握深呼吸技巧。

第四，多做有意义的事

多做好事、多做有意义的事，你可以从这些可贵的体验中获取力量。

积极心理学之父马丁·塞利格曼曾经让他的学生做过一个心理实验，目的是弄清楚做好事是否比找乐子（感官愉悦）更容易让人产生幸福感。

这个实验竟然改变了很多学生对生命的态度。是的，做可以让感官愉悦的事（比如打游戏、吃巧克力等）给人带来的感觉与做好事给人带来的感觉相比，简直不值一提。

当我们能很自然地去做有意义的事，我们每一天都会过得很幸福，我们的生命由此将更有价值。

第五，寻求专业心理咨询师的帮助

亲爱的青少年朋友，如果你在日常生活中，有较为频繁或强烈的轻生冲动，请在父母的带领下寻求专业心理咨询师或心理医生的帮助，他们能提供更有效的支持和指导。

要记住，你的生命无比珍贵且充满希望！在这个世界上，你并不孤单，有很多人愿意帮助你度过艰难时期。

PART 4

遭遇意外事故，怎么保护自己

遭遇意外事故，我该怎么办？

684 分！看到这个高考分数时，小周欣慰地笑了。他身边的家人，不由得欢呼雀跃。他的班主任李老师更是激动得手舞足蹈。

一路走来，小周太不容易了。事情还要从一年多以前说起。

2019 年 9 月的一天，小周骑着电动车出门办事，一辆重型渣土车突然撞向他。他躲闪不及，左腿被渣土车车轮重重碾过。面对剧痛，小周深吸一口气，尽量让自己冷静下来。

他发现左腿的伤口正在流血，于是艰难地解下鞋带，扎在伤口上方，以防失血过多。

另外，他立即让路人拨打 120，并且联系他的班主任李老师和他的奶奶。

在救护车上，小周一直处于清醒状态，但他没有喊疼，反而一个劲儿地向陪伴他的班主任李老师说“对不起”，同时不断安慰在一旁哭泣的奶奶。

当救护车到达医院时，李老师不停地恳求医生务必治好小周。

小周的父母常年在外地打工，他从小善良、懂事、自律、刻苦。高一时，他曾参加全国中学生数理化学科能力展示活动，分别在数、理、化三个学科斩获省级一等奖。升入高二后，他获得了报考中国科学技术大学少年班的机会。没想到，在这个节骨眼上，他竟遭遇飞来横祸。

经过好几个小时的手术，小周终于脱离生命危险。但是医生同时宣布了一个残酷的事实：“病人左小腿截肢，右腿骨折且大面积掉皮，右脚趾损伤严重。”

第一次手术结束后第 2 天，小周还在重症监护室接受观察，便请求姑姑把他学校里的课本都拿来，然后就在里面自学起来。

为了彻底治好伤病，小周忍着常人难以想象的痛

苦，前后接受了 8 次手术。其间，他总是见缝插针地捧起书本学习。

7 个月后，小周的同学和老师再次在校园里见到了他。返校后，他学习更加刻苦。同时，落下的整整 7 个月的课程，他一点一点补了回来。他的事迹在学校里广泛传播，其他同学深受鼓舞。

2021 年高考，小周发挥稳定，考了 684 分。之后，他被清华大学录取。自此，这个自强不息的少年，开启了新的人生篇章。

遭遇飞来横祸，很多人会怨天尤人，一蹶不振。本文的主人公小周不仅在遭遇灾祸时能够冷静自救，而且在手术后能快速调整心态，在病床上坚强自学，没有一丝放弃的念头，确实令人钦佩。

我们要向小周学习，一旦遭遇意外事故，一定要保护好自己。

第一，保持冷静，积极自救

请尽量让自己保持镇定，避免因惊慌失措导致更糟糕的情况。然后，检查身体是否有明显的伤痛、出血等，判断受伤的严重程度。

上面故事中的小周，因为躲闪不及，左腿被渣土车车轮重重碾过。但是面对剧痛，他冷静地、艰难地解下鞋带，捆扎在受伤的腿上，以防自己失血过多。这是非常科学的自救方法。如果现场有干净的纱布、毛巾等，也可以用来按压止血。

当然，如果当下你没有力气或能力自救，至少要做到保持冷静、不要慌乱，同时积极求救。

第二，第一时间拨打医疗救护电话 120 或（和）公安报警电话 110 求救

遭遇意外伤害之后，一定要第一时间拨打医疗救护电话 120 或（和）公安报警电话 110。如果自己无法做到，务必尽快请求别人帮你拨打。

第三，不要随意走动，最好在原地等待救援

务必在安全的地方等待救援人员到来，不要轻易

走动，以免加重伤势。救援人员到达后，要如实告知身体感受和事故经过，积极配合治疗和处理。

第四，尽快联系家人、老师或朋友

在条件允许的情况下，要尽快联系家人、老师或值得信赖的朋友。如果自己无法做到，务必请求别人帮你联系。

被困在电梯里，我该怎么办?

这天，放学之后，小孙回到自家所在小区。他乘电梯上行到四楼时，电梯突然停滞不动了。情急之下，他想到以前学过的电梯自救常识，于是快速按下电梯内每一楼层的按键，以防电梯快速下坠。然而，电梯按键都没有反应。

怎么办呢？小孙赶紧想办法自救。

打电话？可是，他没带手机。

大声呼救？但楼梯间没有人经过。这幢楼每个单元都有两部电梯，其他人可能都坐另外一部电梯了，他想。

电梯的两扇门之间有一条小小的缝，他想，要不把门扒开钻出去？但他突然又想起，强行开电梯门是非常危险的！如果电梯突然坠落，自己可能有生命危险！

小孙在脑海里把自己能想到的所有自救办法都分析了一遍，然后又全盘否定。之后，他试着呼救了好几次，但外面没有半点儿动静。

无奈之下，他急中生智，写了一张求救纸条，从电梯门缝塞了出去。他在纸条上写道："我被困在电梯里了，帮我打一下消防报警电话。"

所有能做的他都做了。接下来，他只能冷静地等待。

怎么打发时间呢？他把书包放在旁边，拿出课本，把当天各科该背的内容背了好几遍。眼看电梯门还是没开，他索性把作业拿出来，将当天老师布置的作业全部做完了。

大约等了5小时，小孙听见楼道里有脚步声。没多久，消防员在外面喊话，让他不要靠近电梯门，退到最里面。接着，他们开始用铁棍破门。将电梯门撬开一条缝后，消防员用身体把门撑开，然后用手把着门将小孙从电梯里救了出来。

小孙得救了！除了消防员、父母、邻居等，小孙

还看到了楼道里站着的老师和同学。

后来，小孙才知道，在他失踪的5小时里，他的父母、邻居、老师、同学可急坏了。他的父母不仅联系了学校，还报了警。

很多邻居、同学都来帮忙寻找。有个邻居是警察，领着大家一个楼层一个楼层地找，最后才怀疑小孙可能被困在了电梯里。

之后，人们送了小孙一个称号——“机智淡定哥”，因为他被困在电梯里之后，不仅能冷静自救，竟然还把作业写完了。

电梯是楼宇交通工具，和我们每个人的生命安全息息相关。因为不懂电梯相关安全知识，很多人在乘坐电梯时遭遇了意外。如果遭遇电梯故障，我们怎样才能保护自己不受伤害呢?

第一，按电梯内的警铃，拨打物业维修电话和消防报警电话119

一般电梯里都有警铃和物业维修电话。遇到电梯故障，可以第一时间按警铃，同时拨打物业维修电话和消防报警电话 119 求救。

第二，不要擅自撬电梯门，更不要在电梯里跳

一般情况下，电梯发生故障后，一定会引起相关专业人员的注意，他们会第一时间来解决问题。切不可因一时情急，做出不安全的举动。千万不要擅自撬电梯门，更不要在电梯里着急地蹦跳。

被困在电梯里，最重要的是及时寻求专业救援，而不是所谓盲目自救。

曾有媒体报道，一个 13 岁的男孩乘坐电梯，电梯运行至 6 层和 7 层之间时突然停止。男孩又是按警铃，又是拍打电梯门，但没有得到任何回应。之后，男孩在电梯里进行自救，他用一把长柄伞撬开了电梯门，然后试图钻出去，不幸意外身亡。

如果在电梯里十分焦躁，千万不要跺脚或跳跃。这是非常危险的事情，有可能引发电梯快速下坠。

第三，如果电梯下坠，紧握扶手，迅速把每层楼的按键都按一下

如果电梯高速下坠，保护自己的最佳方法是：迅速把每层楼的按键都按下，整个背部和头部呈一条直线紧贴电梯内墙，双腿膝部轻微弯曲，踮起脚后跟。如果电梯里有扶手，最好紧握扶手。

第四，间歇性呼救或轻轻拍打电梯门，并冷静等待

务必记住，电梯不是密闭空间，没有窒息危险。可以靠着电梯内墙，保持冷静，时不时调整呼吸。

可以隔一段时间呼救一次，以引起外面人员的注意，但不要持续大声呼喊，要保存体力。

看到有人溺水，我该怎么办？

暑假期间，14 岁的小军、六仔和 12 岁的小豆子，三人约好去一条河里游泳。

来到河边，小军三下五除二脱了衣服，一下子扎进水里，随后冒出水面，向小豆子和六仔呼喊："真凉快，快下来吧！"

小豆子不会游泳，他在岸边笑嘻嘻地站着。

六仔刚学游泳，游得并不好，但他并不想在小军面前示弱。他边答应，边脱了衣服，顺着河岸往水里走去。

他知道，自己游得不好，不能在太深的地方游，于是就沿着河岸踩着河底的泥床走，想着等自己适应了水温和深浅，再好好游。

小军看到六仔一直沿着河岸磨蹭，便嘲笑他："你不是说会游泳吗？这哪是游泳啊？明明就是在河里走路呀！"

六仔不愿服输："谁说我不会游的？"于是，他伸出双手，往前扑了出去，同时用两腿急急忙忙地打水。他游得别别扭扭的。没游几下，他就停了下来，上气不接下气地站着休息。

小军笑得更厉害了，他说："我有个办法，是我爸教我的。你把下巴放在我拳头上，我托着你，你就不会呛水了。然后，你就用双手划水，用双脚在后面打水，你就能游起来了。"

六仔吸了口气，紧闭嘴巴，按小军说的把头放在他的两个拳头上，并在水里扑腾起来。

小军托着六仔，在水里倒着走。小军托不住时，六仔会沉到水里，被迫喝几口水。

然而，六仔咬着牙，不肯服输。经过几次练习以后，他真的感觉有点会游了。于是，他就让小军放开手，自己在靠河岸的地方练习起来。

小军于是放开六仔，游向远处。过了几分钟，岸

边的小豆子突然大叫：“六仔，六仔！”

此时的六仔，一脸惊恐，用双臂慌乱地扑水。他把嘴巴张得大大的，想要呼喊，却喊不出来，身体渐渐下沉！

小豆子吓傻了，大声哭了起来。

小军想救六仔，但自己力气太小。他大声对小豆子说：“快喊大人来！快打 120！”

小豆子缓过神来，赶紧呼叫路人帮忙。幸运的是，正好有几个 20 多岁的年轻男子经过。他们衣服都没脱就跳到水里，把六仔救了上来。

正好，120 救护车也及时赶来了。六仔成功得到了救护。

相关数据显示，全球每年有将近 40 万人死于溺水。我国每年约有 5.7 万人死于溺水，其中未成年人占大多数。

每年，特别是暑假，总有很多未成年人遭遇溺水事故。

上面故事中的六仔，如果不是得到及时救护，后果难以想象。那么，青少年如何避免溺水事故呢？

第一，不会游泳不可冒险下水

故事中的六仔，以为在水里能扑腾几下，就能和同伴一起去游泳，这是十分危险的。

如果不会游泳，却盲目下水游泳，很容易溺水，从而危及生命安全。

第二，不要到户外的河流、湖泊游泳

故事里的少年在户外的河里游泳，这是非常错误的行为。千万不要在河道、水库、湖泊等无安全设施、无救援人员的场所戏水或游泳。

未成年人即使在正规的游泳池游泳，也一定要有救生员全程看护。

第三，遇到有人溺水，未成年人不可盲目施救

青少年朋友，如果发现有人溺水，应该在确保自己安全的前提下，立即寻求成人的帮助，绝对不可以盲目下水施救。

遇到火灾，我该怎么办？

“是小龙妈妈吗？我是物业的张经理。”这天傍晚，还没下班的马女士，接到了物业的电话，“您家里起火了，不过您不要太担心，火已经被扑灭。你家孩子和奶奶在家门口，请您尽快回家处理一下吧！”

小龙妈妈挂了电话，心急火燎地向家里赶去。

她回到家后发现：小龙奶奶在家门口站着，低垂着手，脸上一副做错事的模样，10 岁的小龙在一旁安慰奶奶：“奶奶，没事了，没事了。”好几个消防员在忙着清理现场。一股烧焦的味道扑面而来。

“妈，小龙，你们都没事吧？”小龙妈妈急切地走上前，拉着他们的手上下打量。

小龙奶奶都快哭出来了：“我下午在给小龙烧红烧肉，发现酱油没了，就去超市买。结果，我忘记关火了。我在超市逛着逛着忘了时间，锅就烧着了。”

“你的孩子张小龙打 119 报火警，他在灭火过程中处理得非常好，值得表扬啊！”一个消防员笑眯眯地对小龙妈妈说。

小龙妈妈点点头，去厨房看了一下，灶台和橱柜被熏得发黑，但没有什么太大的损失。于是，她拉着祖孙俩坐了下来，然后听小龙详细讲了事情的经过。

原来，小龙放学回家，在楼下就发现 3 楼自己家厨房的位置有火情，“那是我家吧？！”他赶紧冲上楼，打开房门，跑到厨房，只见灶台上的火直冲油烟机，还烧着了旁边的一条毛巾，情况十分危急。

情急之下，小龙回忆起学校的火灾应急演练。于是，他迅速冷静下来，跑到楼道里拿来灭火器，按照在学校演练的方式，成功把火扑灭。接着，他打湿一条毛巾，捂住口鼻，关闭了燃气阀门。

做完这些，他拨通了 119 消防报警电话，将情况告知接线员，并且准确地报出了自家的住址。为了安全起见，消防员来到现场勘查情况。于是，出现了本

119

文开头的一幕。

首先，我们要为故事里的小龙点赞！他在火灾现场沉着冷静，上演了教科书式的灭火过程。

然而，我也要提醒大家一句：小龙家的火灾当时还没有蔓延开来，所以小龙用灭火器灭火、关闭阀门等十分正确，但如果现场火势较大，作为一个未成年人，一定要尽可能远离火灾现场，马上求助成年人或者拨打 119 消防报警电话。

第一，在日常生活和学习中，要多学习一些安全用火常识

1. 注意用火用电安全。不玩火，不随意摆弄电器设备。使用电器后，要及时拔掉插头，避免电器长时间通电。

2. 安全使用炉灶。如果在家中使用燃气炉灶，要在家长的指导下正确操作，使用完毕后要关闭阀门。

3. 远离易燃易爆物品。避免接触和靠近汽油、酒精、烟花爆竹等易燃易爆物品。

第二，如果不幸遭遇火灾，要学会自救

1. 保持冷静。遇到火灾时，切勿惊慌，保持冷静是成功逃生的关键，慌乱只会让情况更糟。

2. 立即报警。要及时拨打 119 消防报警电话，向消防部门准确报告火灾发生的地点、火势大小、燃烧物质等情况。

3. 在火势较小时，尝试灭火。如果火势较小，可使用灭火器、消火栓等消防设施进行灭火。如果火势较大或无法控制，应立即撤离，并及时求助。

4. 撤离时，做好防护。用湿毛巾捂住口鼻，以减少烟雾吸入。要低姿前行，贴近地面，因为烟雾通常向上飘散，靠近地面的空气相对较为干净。

5. 正确选择逃生通道。要走安全出口和疏散楼梯，切勿乘坐电梯。如果通道被烟雾封锁，应尝试寻找其他的安全逃生途径。

6. 避免拥挤。在逃生过程中，要遵守秩序，避免拥挤和推搡，以免造成踩踏事故。

7. 及时发出求救信号。如果被困无法逃生，应尽量靠近窗户或阳台等显眼位置，挥动鲜艳的衣物或利

用手电筒等发出求救信号，吸引救援人员的注意。在浓烟处不可盲目呼喊，以防吸入大量有毒烟雾。

8. 等待救援。要在安全地点等待消防人员的救援，不要冒险返回火场。

需要注意的是，不同的火灾场景可能会有一些不同的情况，应根据实际情况灵活应对，确保自身生命安全。

遭遇雷雨天气，我该怎么办？

6 月的一个傍晚，本来晴朗的天空，突然变得十分阴沉。渐渐地，乌云密布，大风吹得校园里的小树都跳起了摇摇舞。

天空远远地传来轰隆隆的声音，一时间，雷雨大作！豆大的雨点重重地落在干燥的地面上。不一会儿，整个地面就被打湿了。

雨越下越大，昏暗的天空不时出现闪电。

15 岁的男生俊强，平时放学后都是自己骑自行车回家。他今天早上出门时，妈妈没找到雨衣，随手拿了一把雨伞，放进了他的书包，并说“今天可能要下雨”。

看着滂沱大雨，俊强陷入了纠结：现在就走，雨太大；不走的话，不知道雨会下到什么时候。

一想到还有那么多作业等着自己，俊强一咬牙，把自行车推出停车棚，一手勉强撑着雨伞，一手扶着车把，冲进了大雨中。

无奈雨势太大，雨水很快淋湿了俊强的衣服。他想，坚持 15 分钟，到家就好了。

雨越来越大，俊强艰难地骑行到附近的一个广场上，想在这里喘口气。

突然间，天空划过一道刺眼的闪电，随后巨大的雷声在俊强耳边响起。与此同时，俊强不远处的一棵大树被强大的雷电劈成了两截。

俊强一时手足无措，害怕极了，竟不知道接下来该怎么办。幸运的是，附近一个商场有人招呼他赶紧到商场里躲一躲。

俊强这才停好自行车，躲到商场里去了。

俊强的危险经历，我相信很多人都遇到过。甚至有人可能见过人遭遇雷击的情况。

实际上，每年夏天都有人遭遇雷击的悲剧发生。

X××商场

那么，在雷雨天气，我们应该如何保护自己呢？

第一，不要在大树下避雨

雷雨天气，尽量不要出门。出门在外遭遇雷雨天气，千万不要在大树下避雨。否则，一旦雷电击中高大的树木，你可能遭遇危险。

第二，在雷雨天，尽可能远离金属物质

金属物质都是导电的，所以在雷雨中行走时，要尽量远离金属物质，比如不能撑铁柄雨伞、金属类的玩具最好收起来等。

上文故事里的俊强，在雷雨天，在空旷的广场上骑车、打伞，这是十分危险的。广场是开阔地，雨伞、自行车和人都是导体，人骑在自行车上，在雷雨天可能遭遇雷电袭击。

第三，雷雨天，在山上或空旷处不要使用手机

在雷雨天，在山上或空旷处尽量不要使用手机，不要拨打或接听电话，否则会增加被雷电击中的可能性。

第四，雷雨天，不要伸手、探头到窗外

雷雨天气，要注意关闭门窗。

住在高层建筑里，更要注意预防雷电袭击。不要把头或手伸出窗外，甚至不能用手触摸窗户的金属架。

PART 5

面对人际冲突，怎么保护自己

被人冤枉了，我该怎么办？

一次，小焓跟着爸爸到一个小区去办事。

爸爸在停车场把车子停好后，嘱咐小焓说："你在这里玩一会儿。爸爸去办事，很快就会回来。"

无聊的小焓在停车场转来转去，突然对一辆黑色的轿车产生了兴趣。于是，他围着这辆车转了好几圈。过了一会儿，爸爸办完事回来了。之后，他们父子两人一起回了家。

他们回到家没多久，便听见有人敲门。

小焓的爸爸打开门一看，是附近派出所的一位警察。

"警察叔叔怎么会来？"小焓觉得有些奇怪。

接下来，警察叔叔跟爸爸说的一番话，着实把小焓吓了一跳。

“我们接到报案，一位车主说他的轿车被人恶意划了8道划痕。我们看了监控录像，发现你家孩子刚才在这辆车旁边玩了一会儿。请你配合我们调查一下。”

小焓听完，急得头上直冒汗珠，他激动得都有些结巴了：“不，不……不是我干的！”

爸爸有点儿尴尬，但很快镇定下来，他说：“没事！没事！要不咱们一起去看看监控录像吧！”

在派出所，爸爸通过监控录像看到，小焓在车旁边挥动过手臂，似乎触碰到了那辆车。

之后，爸爸严肃地问：“小焓，你有没有划车？”

小焓定了定神，坚定地说：“我没有！”

“那你当时围着车子在干什么呢？”警察叔叔和气地问道。

“我……我……”小焓看看爸爸，鼓足勇气说，“我看到有一只苍蝇停在那辆车的后视镜上，我想把它赶跑。”

听小焓这么一说，几个大人交换了一下眼神。

爸爸摸摸小焓的头，然后对警察说：“这样，无论

如何，我们赔偿。”说完，他拿出3500元钱，赔给了车主。然后，他带着小焓默不作声地回家了。

一路上，小焓的心里像压了一块巨石一样，闷闷的。同时，他心里一直在想：爸爸会相信我的话吗？

回到家，爸爸坐在沙发上，温和地问：“孩子，这事是你干的吗？”

小焓立刻再次坚定地说：“爸爸，我真的没有做！”

爸爸说：“好孩子，爸爸相信你！明天，爸爸再去派出所一趟，跟警察叔叔一起好好看看监控录像。爸爸相信，一定能够找到证据，证明这事不是你干的。”

小焓的眼睛一亮，但他心里还是七上八下：真的能够找到证据吗？

第二天，爸爸来到派出所，找到了昨天的那位民警。

还没等小焓爸爸开口说话，那位民警便说：“小焓爸爸，你来得正好。我们又仔细回看了一下监控录像，发现了一个细节。我们发现，小焓靠近车时，他应该是没有碰到车的。另外，这辆轿车上的划痕很深。小焓手上没有工具，不可能划出这么重的划痕。我们推测，这辆车在进停车场之前就有了这些划痕，只是车主没有发现而已。这位车主前几天开车去过另外一个停车场。我们几经周折找到了当时的监控视频，发现当时车身上就有明显的划痕。所以，小焓是清白的。”

“终于找到证据了！”小焓爸爸非常高兴，他赶紧和小焓分享了这份喜悦。小焓心里的石头终于落了地，笑容再次回到了他的脸上。啊，被信任的感觉真好！

最后，在民警的协调下，车主把钱退给了小焓爸爸，并且向小焓道了歉。

这场风波终于画上了句号。

我们在生活中，有的时候不可避免地会被冤枉，我们该怎么保护自己呢？

第一，面对质疑，不卑不亢，冷静应对

各位同学，我们如果犯了错，要主动承担责任和后果。同时，如果我们没有犯错，遭遇了别人的误会，也要勇于为自己申辩，力证自己清白。

这个故事里的小焓就是好样的。面对大人的质问与怀疑，他每次都非常坚定地表示——“这事不是我干的”。他虽然只有10岁，但他遭遇别人的怀疑时没有沉默、没有害怕，更没有哭闹，而是积极冷静地配合大人，最终赢得了大人的信任。

我们也要像小焓一样，不管遇到什么事，都做一个诚实、勇敢、不卑不亢的人。

第二，积极沟通，主动寻求帮助，证明自己

我们可以尝试以理性的方式与人沟通，表明自己的态度和立场。如果沟通不畅，要主动寻求帮助，以证明自己的清白。

第三，努力寻找证据，尽可能保护好自己

故事中，小焓的坚定赢得了爸爸的信任，爸爸打定主意还儿子清白，第二天又去派出所了解情况，才得知已找到了新的线索。警察叔叔也是有心人，非常

仔细地查看了监控录像，找到了新证据。在生活中，如果遇到被冤枉的情况，我们也要有意识地寻找证据，尽可能保护好自己。

第四，调整心态，积极面对生活

如果我们被冤枉了，要坚信总有一天会真相大白。不要让当下的事情过度影响自己的情绪和生活，要继续积极、阳光地面对生活。

面对喜欢占便宜的同学，我该怎么办？

这天，佳佳放学回家后，一脸不高兴。妈妈问她怎么了。

她说："妈妈，你最近不是每天给我准备小点心让我带到学校在课间吃嘛。"

"对啊，怎么啦？"

"有一个女同学，她从来都不带点心，总是吃我的。我算了一下，过去两周，她每天都吃我的点心。"佳佳眉头紧蹙，生气地说。

"你打算怎么办？"妈妈看着佳佳，饶有兴趣地问。

"一开始，我想，要跟同学分享，这也没什么。但是后来我发现她每天都吃我的，好像都习惯了！我也很为难，不给她吧，怕人家说我小气。给她吧，我每天哪有那么多点心分给她呀！”

妈妈笑了笑，对佳佳说：“佳佳，你知道吗？有一次妈妈的一个老同学跟我说，她在卖唇膏，希望妈妈买她的产品。可是妈妈早就习惯用另外一个品牌的化妆品，对她的产品无法产生信任感，所以就想拒绝她。那我该怎么拒绝她呢？”

“你是怎么做的呀，妈妈？”佳佳眨着眼睛问。

“我没有直接拒绝买她的东西，而是说：‘我听说你女儿特别喜欢看书。最近我表姐在做童书团购的生意，她推荐的书不仅质量特别好，而且品种也多。你能为你女儿挑几套吗？’”

看到佳佳疑惑的眼神，妈妈继续说：“妈妈也向她提了一个要求，一时就把被动的局面变成主动的局面了。这个办法可让她将心比心，理解我的难处。”

“哦，我明白了！”佳佳点点头说，“妈妈，那你的意思是，如果明天这个同学再找我要点心吃，我也应该反过来向她提要求，是吗？”

“对呀！如果你很强硬地拒绝，不利于同学之间关

系的维护。如果你不拒绝，没办法解决这个问题。你可以对她说：‘你已经连续两周吃我的点心了。接下来的两周，我该吃你的点心了。这叫礼尚往来。’”

妈妈说完这句话之后，又强调了一下：“佳佳，你要记住，说这句话时不要用商量的口气，而是要拿出不容置疑的态度。毕竟，她吃你的食物在先呀！”

第二天，佳佳用这个方法和那位同学沟通。果然，那位同学答应之后连续两周从家里带点心给佳佳吃。就这样，她们两个“小吃货”成了无话不谈的好朋友。

各位同学，你在和同学交往的过程中，遇到过佳佳这样的烦恼吗？面对这样的人际困惑，我们该怎么办呢？

第一，勇于维护自己合法、合理的权益

我们在人际交往中，一定要和别人友善相处，但是我们也要牢记，我们的善意是有底线的。如果有人

利用我们的善意，不断突破我们的底线，侵害我们的权益，我们也要勇敢地维护自己合法、合理的权益。

第二，建立明确的人际界限，积极表达自己的诉求

面对那些人际界限不清、喜欢占便宜的人，请你清楚地表明哪些行为是你不能接受的。也就是说，要建立清楚的人际界限，避免人际关系模糊不清。

另外，面对对方的不合理要求，不要抱着“多一事不如少一事”的心理，轻易满足对方，以免对方得寸进尺。

举个例子。有个女生很喜欢你的某支笔，但她不买，每天都用你的笔。你该怎么办呢？

你可以明确而坚定地告诉对方：“这支笔我也很喜欢，我要用。你让你爸妈给你买一支吧，学校对面的小卖部就有。”

这完全没有问题，这是你的合理诉求。一般而言，对方听完后就知道该怎么做了。

第三，学会巧妙地、坚定地拒绝别人

在人际交往过程中，学会拒绝十分重要。不懂拒绝的人必将遭受无边无际的人际压力。

当然，有的时候，拒绝别人可能需要一点勇气和智慧。上文故事里佳佳妈妈的拒绝方式就值得参考。不过，你还可以向父母请教，学习更多的拒绝技巧。

遭遇网络诈骗，我该怎么办？

阿阳是一名初三学生。平时，爸爸妈妈给他的零花钱，他总是很快就花完了。这几天，他正愁没有钱花了。

他的微信钱包里面虽然有 2500 多元，但那是他舍不得用的“大钱”，是他计划用来买名牌球鞋、滑板的“私房钱”。

这天，正百无聊赖的时候，他突然发现手机的聊天软件弹出一条消息：一个好友把他拉进了一个“红包返利群”。

什么是“红包返利”？一头雾水的阿阳正想问问群里的好友，仔细一看群里没有人发言。原来这个群处于禁言状态，只有群管理员在不时地发布“游戏规则”：群成员只要发一定数额的红包，就能得到成倍的返利。

除了发布“游戏规则”，管理员还不断发“返利截图”，如 ×× 返利 400 元、×× 返利 1000 元等。

有这样的好事？阿阳将信将疑，不如先发个 50 元的红包试试。

于是，在管理员的引导下，阿阳通过对方发的微信收款二维码发了一个 50 元的红包。

很快，管理员又给了阿阳一个二维码，并说这就是领取返利的二维码。

阿阳没想到这么快就能得到返利，毫不迟疑地点开了这个二维码。谁知，让他惊掉下巴的事发生了：他非但没有领到钱，他的微信钱包还少了 2000 元钱。

这下他才意识到，自己被骗了！他气呼呼地给管理员发了几条消息，催对方退钱。

“刚才那是误操作，现在我把刚才误收你的钱以及你的返利，一起返还给你。你扫这个退款二维码就可以了。实在对不起！”对方的回应充满歉意。

阿阳想，这还差不多，误操作倒也是难免的。于

是，他又点开了这个“退款二维码”。

阿阳没想到，对方口口声声说的“误操作”再次上演。阿阳非但没有收到一分钱退款，又被转走500元！现在，他微信钱包里只剩下5.6元了！

阿阳很生气，正要和对方理论，发现对方竟拉黑了他！

无奈之下，阿阳只得把自己的遭遇告诉了爸爸妈妈，并在爸爸妈妈的带领下向警方报了案。

亲爱的青少年朋友，你是怎么理解钱的？当下，越来越多的孩子很少使用纸币，在他们眼里，“付钱”就是“扫码”。殊不知，一旦对金钱有不真实感，我们的金钱观就有可能出现偏差。在这种情况下，我们更要形成科学的消费观、金钱观，切莫被贪念冲昏头脑。

据我了解，此类互联网诈骗受害群体中有很多是中小学生。他们好奇心重，对“快速来钱”的诱惑很难抵挡，因而很容易上当受骗。

那么，面对互联网上层出不穷的诈骗套路，我们该如何独善其身，保护自己的利益不受侵害呢？

第一，不要和网友有任何金钱来往

记住，不要和所谓的网友有任何金钱来往。

如果很不幸，你已经遭遇了网络诈骗，要第一时间告诉父母。同时，要把相关证据保存好，并在家人帮助下立即报警。

第二，所谓“低投入、高回报”的活动，都是骗局

有句老话说：“天下没有免费的午餐。”你以为的馅饼，其实是陷阱。

遇到这类事件，你只要稍微动脑子想一想，就能想明白。为什么人家要送钱给我们？天底下没有无缘无故的好事。你应该看到了，爸妈赚钱并不容易。那么，一个陌生人为什么会轻轻松松让你赚钱呢？其中必有蹊跷。

只要多想一层，你就能够看清楚很多网络骗局。

第三，所谓“躺赚”行业，都是骗局

很多网络诈骗的套路都披着“躺赚”的外衣。事实上，所谓“躺赚”的行业，比如兼职刷单员、网购评论员、网络打字员等，都是骗局，一定要远离。

第四，谨慎对待网上的陌生链接和二维码

务必谨慎对待网络上的陌生链接、二维码等。同时，要保护好个人隐私信息，如身份证号、手机号、家庭住址、个人照片等。

第五，小心“明星后援团”诈骗套路

有些诈骗者还会利用青少年追星、打赏心爱主播等，精心设计骗局，骗取钱财。

比如，有骗子在所谓明星后援团活动小组发言："最近有明星会给大家发红包，只要充值就能激活返利活动。"有些青少年为此被骗很多钱，一定要引起警惕。

别人说我内向、消极、不合群，我该怎么办？

因为父母工作调动，小袁在初二下学期转学到了A 市的一所中学。

小袁性格内向，加上初来乍到，总觉得自己在新的环境里有些格格不入。

尽管班主任为小袁创造了不少机会，想让他尽快融入新的集体，但小袁总觉得同学们对他若即若离。他尤其害怕上课时小组讨论的环节，其他同学总是三三两两扎成一堆，这更让他看上去像个局外人。

由于负面情绪越来越多，小袁心头的压力越来越大，他晚上总是睡不好。有时，凌晨一两点钟他就醒了。有时，他明明很困，但就是睡不着。很多个晚上，他都是呆呆地望着天花板，等待天亮。因此，白天在课堂上他经常趴在课桌上打瞌睡。

同桌小王敏锐地捕捉到了小袁的反常情况。这天，体育课结束的时候，小王和小袁在操场上散步。

“小袁，你好像有点‘丧’啊？你怎么了？”

“我也不知道怎么回事。我感觉生活很没劲，我也没有朋友。”

“其实，大家都很愿意和你接触啊，但都觉得你有点儿内向，不太合群。”

“我觉得大家好像都在躲我……”

“正是因为你看上去有些消极、悲观，大家才不太敢接近你……”

“是啊，我也不知道怎样才能让自己振作起来。”

“这样吧，今天放学后，我给你看一样东西，看能不能帮到你。”

小袁对小王的话充满了好奇和疑惑。

放学后，在回家的路上，小王从书包里掏出一个大大的笔记本，并翻到最后一页，递给了小袁。

这一页上画着一棵大树，树干很粗，上面写着几

个大字：我喜欢我自己。这棵树有点特别，枝杈很多。每一个枝杈上都有一个小云朵。每个小云朵里面都有字。小袁仔细一看，那些小云朵里写着：

在校园里边散步，边听音乐，真快活。

画了十分钟画，我感觉很平静。

学会了一首新歌，我感觉很有成就感。

帮同桌解了一道数学题，我感觉挺好的。

我在小区的人工湖边跑了两圈，流汗的感觉真不错。

……

“这是什么啊？”小袁忍不住问。

“这是我的‘积极思维树’。”小王说，“这个方法是我以前的语文老师教我的。那个时候我也和你一样，总是提不起精神，和同学也处不好。后来，语文老师教我画这种‘积极思维树’，让我多关注积极、开心的事情，并且记录下来。那以后，我经常画这样的树。”

“这听上去挺有意思的，那这‘积极思维树’怎么用呢？”

“每当不开心的时候，我就会把‘积极思维树’拿出来看一看，数一数树的枝杈，之后我的心情就会好很多。其实，你也有很多优点，你生活中也有很多乐趣，你要把它们挖掘出来，让自己看见。要不你回家也试试吧。”

“谢谢你！”小袁若有所思。

回到家，小袁立刻找出一个漂亮的笔记本，用彩笔在其中一页画了一个粗壮的树干，并在树干上工工整整地写下：我喜欢我自己。

之后，他又在树干上画了一些树枝，并在每个树枝上画上了云朵。

“哪些事会让我感到开心呢？”小袁开始在过往的记忆里搜索，然后把那些能让自己开心的事一一写进了那些云朵里：

看漫画的时候，我可以忘却很多烦恼。

帮妈妈洗碗，让我挺有成就感。

和我家小狗在一起时，我感觉很开心。

……

此后，小袁学会了如何在平凡生活中发现快乐、体会快乐，他渐渐找到了自己的内在力量。他的“积极思维树”上的“云朵”越来越多，他心里的阳光也越来越充沛。

小袁还发现一个秘密：要想让自己快乐，最简单的办法就是帮助别人。后来，在校园里，在班级里，同学们总能看到小袁忙碌而快乐的身影。

小袁的朋友越来越多，后来他还被选为副班长。显然，他彻底融入了新集体。

故事中的小王同学，把一个宝贵的“工具”送给了小袁，那就是积极思维。我也借着小袁的故事，把这个“工具”送给大家。

怎样才能拥有积极思维，轻松化解人际交往中的冲突，减少内耗，做一个拥有正能量的人呢？这样，我们才能远离很多困扰，才能真正保护好自己。可以从以下几方面入手。

第一，接纳并欣赏自己的“内向”

故事里的小袁，性格有点内向，但是你知道吗？内向本身并不是一种不好的性格！相反，在很多有大成就的名人中，性格内向者大有人在。比如爱因斯坦、牛顿、罗斯福、林肯、J.K. 罗琳、乔丹等。据说，他们都很内向，但都在自己的领域取得了巨大成就。

内向的人有更多的时间深入思考和自我反省。这可使他们更深入地了解自己和周围的世界。

所以，如果你也是一个内向的人，大可不必否定自己的性格，请高高兴兴地接纳并欣赏自己的内向。接纳自己，才能做好自己。

第二，通过自省，启动“硬币思维模式”

每当遇到困难，你的第一想法也许是：我办不到、我不可能成功、我很差……但是，如果你能换一种思维模式，也许一切都将不一样。

我把这种思维模式称为“硬币思维模式”。正如所有硬币都有两面，所有事情也都有两面性，既有积极的一面，也有消极的一面。“硬币的反面是什么？我真的办不到吗？我真的很差吗？”遇到困难，我们可以这样问问自己。

千万别小看这样的思维转变，它会带领我们进入一个新的境界，帮我们化问题为机会，甚至积极地开启新的人生。

举个很小的例子。你在写作业，隔壁家的狗却叫个不停。这时，你可以这样想：“硬币的反面是什么？任何事情都有两面性。”与其抱怨狗的叫声让你无法专心写作业，你不如这样想：狗狗是我的“闹钟”，它在提醒我要劳逸结合，我要起来活动一下筋骨！我要感谢它！

第三，学会给自己积极的暗示

我教大家一个可给我们积极暗示的口诀：

我想要——

我正在——

我已经——

如何使用呢？我举例说明。

假如今天你要面向全校师生做演讲，如何克服紧张，表现得更从容一些呢？你在上台前可通过以下方式做积极的心理建设：

“我想要”从容地演讲。

“我正在”从容地演讲。

“我已经”从容地演讲完了。

反复做这样的心理暗示，你将会获得巨大的力量，会表现得十分松弛、从容。这个可给我们积极暗示的口诀，我一直在用，效果很不错！

第四，做任何事都要保持足够的专注

以我自己的经验来看，做事专心、投入，专注于当下，更能让我们获得掌控感和成就感，这是积极心态的重要来源。

心理学上有个“心流”的概念，它指人把注意力发挥到极致时的心理状态。当你全神贯注地投入、沉浸于一件事情时，你将体验到一种浑然忘我的感受。由此，成功是迟早的事。

第五，和积极、乐观的人做朋友

不要和那些负能量满满的人做朋友，他们可能影响你，让你变成一个消极的人。想让自己更阳光，我们就要积极地靠近阳光，多和积极、乐观的人做朋友。

第六，找到做事情的意义

我们做事情的时候，要赋予它意义。比如，妈妈让你洗碗，与其抱怨，你不如积极思考："洗碗能给我带来什么？也许可以锻炼我处理事情的统筹能力、提高我的生活自理能力……"你赋予一件事情的意义越多，你越能积极投入其中，并且乐此不疲。

各位同学，从今天开始，请参照以上几条，积极发现自己的优点，多多肯定自己，你一定会赢得更多人的认同。同时，你的"积极思维树"一定会枝繁叶茂、高耸入云。

好朋友要和我绝交，我该怎么办？

这天，初二女孩阿兰整个下午都是在愤怒、失望、不解中度过的。

她最好的朋友小戴，给她留了一张纸条：“我想我不能继续做你的朋友了。我没能带给你快乐，对不起。”

“我又没得罪她，她为什么要跟我决裂？”阿兰百思不得其解。

阿兰在老家读的小学，初中时被爸爸妈妈接到城里。12 岁之前，她几乎没和爸爸妈妈在一起生活过。来到城里后，阿兰总觉得自己是个多余的、没用的人。

阿兰内心非常敏感，却又不善表达。好不容易在新学校交到小戴这个好朋友，阿兰一直很感激她，也很珍惜她。可是，现在她唯一的朋友要离开她了，她非常难过。

几天后，阿兰终于鼓起勇气走进了学校的心理咨询室。

看着有些紧张的阿兰，年轻的心理老师秦老师微笑着说："我姓秦，你能来找我聊天，我很高兴。在这个房间里，你说的所有话，老师都会替你保密。秦老师也十分愿意分担你的烦恼。"

这番话让阿兰如沐春风，她定了定神，把自己的烦恼告诉了老师。

听完阿兰的诉说，秦老师微笑着拿出一张白纸，并在上面写了三个英文字母：A、B、C。

阿兰一脸迷惑。

秦老师问阿兰："如果今天班主任孙老师从你面前走过时看上去冷冰冰的，你会有什么想法？"

"嗯，我会想，我今天是不是做错了什么？"

"那这个时候你的情绪是怎样的？请描述一下。"

"情绪？应该是忐忑不安，或者是比较害怕吧。"

秦老师慢条斯理地说："A是诱发事件或逆境（the Activating Experience or Adversity）。在上面这个场景中，A是'孙老师看上去冷冰冰的'。B是我们面对A时的信念（Belief）……"

"哦，秦老师，我知道了。在这个事件中，B就是'我认为我肯定做错了什么'。"

"是的。"

"那么，C是什么呢？"阿兰来了兴趣。

"C就是我们基于事件A而产生的B导致的情绪或行为结果（the Emotional or Behavioral Consequence）。"

"嗯，刚才您已经问过我了，我的情绪可能是很忐忑、很害怕。"阿兰的反应很快。

"是的，你分析得很对。我们再来想一想，同样是'孙老师看上去冷冰冰的'这个事件（A），如果你改变一下对它的看法和评价（B），那么结果（C）是否会有所改变呢？我们来试试好不好？"秦老师说。

"好，好。"

看到阿兰越来越配合，秦老师很兴奋，继续引导："如何改变呢？我们可以这样想：'孙老师看上去冷冰冰的，可能是因为他在工作中或生活中遇到了困难，与我没有关系。’那么，相应的结果（C）将会是什么呢？”

“我可能想要去安慰一下孙老师。我这个时候的情绪可能是同情、担心！”阿兰若有所思，继续说，“我的好朋友要跟我决裂。我之前对这件事的解读是：我没得罪她，她为什么这么做？这导致我很愤怒。如果我改变一下对这件事的解读，她要跟我决裂，一定有其他我不知道的原因。那么，我现在的感受就是好奇和担心……”

“阿兰，你的悟性真好，”秦老师鼓励道，“所以你打算怎么办？”

“我打算开诚布公地跟她谈一谈。我想我一定能够找到解决方案。”

一周之后，阿兰又出现在秦老师的办公室。

“秦老师，我跟小戴聊过了。她跟我说，我平时太丧了，她深受影响，变得越来越悲观。她说，我们各自先冷静一下，等我调整好情绪，她还会做我的好朋友。看来，我要改变一下自己了。您的 ABC 理论，我都记住了！”

又过了几周，秦老师有一天在操场上看到这样一幕：阿兰、小戴以及班上几个女同学笑嘻嘻地在一起玩儿。

我要为阿兰所在学校的心理老师秦老师点赞，也要为阿兰的悟性和勇敢叫好！

青少年朋友在人际交往中不可避免会遇到同伴之间的冲突、误解甚至绝交，那么我们该如何做，才能维持更好的人际关系呢，才能在人际交往中保护好自己呢？

第一，巧妙运用情绪 ABC 理论，建立合理信念

在以上故事中，秦老师所用的方法源于理性情绪行为疗法 ABC 理论，这个理论是美国著名心理学家埃利斯提出的。简单来讲，埃利斯认为，诱发事件 A（Activating event）只是引发情绪或行为结果 C（Consequence）的间接原因，而引发 C 的直接原因是基于个体对诱发事件 A 的认知和评价而产生的信念 B（Belief）。

也就是说，任何事件本身并不必然导致消极的情绪结果，任何事件会导致什么样的情绪结果取决于我们的信念和认知。

我们在人际交往中，难免遇到冲突和矛盾。每每这时，千万不要让它们左右我们的情绪，影响我们的判断。请试着用情绪 ABC 理论，建立更积极、更合理的信念，做出更好的选择。

第二，主动沟通，澄清误解

如果你的好朋友突然远离你，甚至要绝交，这段关系当中肯定发生了什么，有可能是误解，有可能是你有做得不够好的地方。

可以找个合适的时机，心平气和地与对方坦诚交流，表达你对这段友谊的珍视和不想绝交的想法，同时倾听对方的感受和想法。

如果沟通之后，发现自己确实有做得不对的地方，请真诚地向对方道歉，表明改正的决心。

第三，给彼此时间冷静，展现诚意

友情发生了裂痕，想弥补是人之常情，但不要急于求成，也许对方需要一些时间和空间来消化和思考。在后续的相处中，要持续展现你的诚意和努力，让朋友看到你的改变和对友谊的维护。

上文故事中的阿兰和小戴，开诚布公谈完之后，都表示要冷静一段时间，待阿兰调整好情绪之后，再做好朋友。这不失为一种理性的做法。

第四，寻求帮助，接受当下

如果有必要，可以请你们共同的朋友从中调解。如果你尽力挽留之后，对方还是坚持绝交，也要学会接受，尊重对方的决定，但千万不要放弃对友谊的期待。也许，未来你会遇到更适合你的朋友。